일러스트로 배우는

실내디자인 기초

하라구치 히데아키 저　　한영호·최진희 역

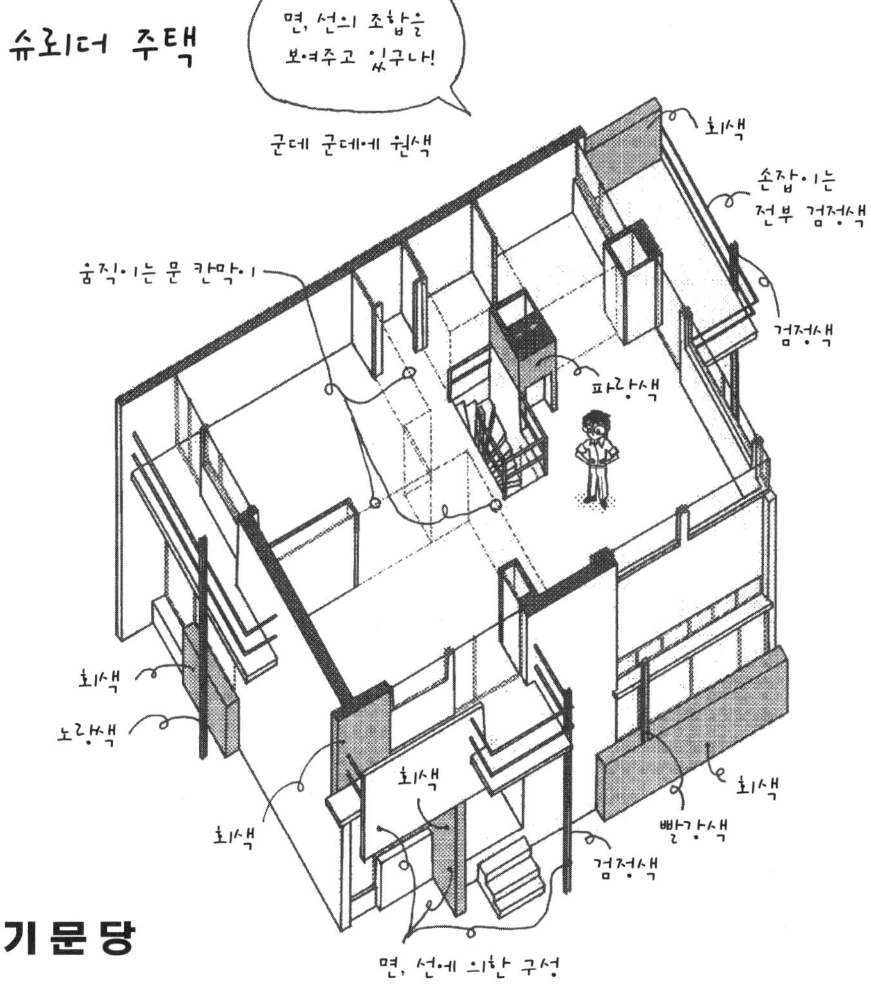

기문당

역자 머리말

실내디자인을 전공하는 학생들을 지도하다보면 이론과 디자인을 함께 연결시켜 이해시키기란 참으로 어려운 일이라 느낄 때가 많다. 특히 실내디자인의 역사나 시대적 특성, 혹은 작가의 특성에 대해 설명할 때면 학생들이 부담감을 절실하게 느낀다.

또한 실내디자인에 관심이 있는 비전공자들에게 이론적 설명만 하게 되면 대부분은 어려워하고 무겁게 받아들인다.

왜 이와 같은 일이 생길까를 생각해 보면 각각의 분야를 따로 생각하기 때문이 아닐까 싶다. 그래서 역자는 실내디자인을 배우고 습득하는 과정에서 다양한 분야(역사, 시공, 재료, 구조, 마감, 치장재, 가구 등)에 대해 설명하고 그 분야들이 모여 실내디자인이라는 최종 목적지에 도달하게 된다는 것을 설명하곤 한다.

결국 실내디자인을 이루고 있는 각 분야는 서로 소통하고 하나가 되어야 한다.

본 서는 실내디자인이 무엇이며 어떤 분야가 있는지 사례를 중심으로 기초부터 완공까지 이해하기 쉽고 간결하게 설명하고 있다.

실내디자인의 역사와 실내공간을 시공하기 위한 시공 및 구조, 재료에 대해 설명하고 있으며 기초적 원리부터 체계적인 방법으로 쉽게 이해할 수 있도록 하고 있다.

책을 읽어가다보면 실내디자인의 역사부터 재료와 마감의 처리방식, 마감재의 연결방식, 가구와 철물 등에 대해 순서별로 익힐 수 있게 되어 있다.

또한 이론에 대한 어려움이 있을 수 있는데 그 어려움을 조금이나마 해결하기 위하여 실례들을 삽화를 통하여 설명하고 있다. 이러한 이유로 책의 원서 제목과 다른『일러스트로 배우는 실내디자인 기초』로 변경하였다. 용어설명뿐만 아니라 실무적 지침은 학생이나 실무자들에게도 유용한 정보가 될 것이다.

끝으로 책을 출간하는데 있어 여러 차례 교정을 보아주신 도서출판 기문당의 여러분들께 진심으로 감사드린다.

2014년 1월

역 자

머리말

대학의 제도실에서 가르치는 일에 한계를 느끼고 8년 전에 건축, 부동산을 공부하기 위한 블로그(http://plaza.rakuten.co.jp/mikao/)를 쓰기 시작했습니다. 가능한 학생이 읽을 수 있도록 일러스트+만화를 곁들여 작업했습니다. 처음에는 학생용으로 쓰던 블로그에 업계나 건축, 부동산 경영을 하는 분들이 많이 방문하여 주었습니다.

그리고 어떤 기술은 틀린 것이 아니냐며 가르쳐 주기도 하였습니다. 그 중에는 사람의 인체 비례를 그려 달라는 요구사항도 받게 되었습니다. 그림도 이런 독자의 의견에 맞춰 바꿔 나갔습니다.

고맙게도 중판을 거듭하여 한국, 대만, 중국에서도 잇달아 번역본이 출판되었습니다.

다음은 실내디자인에 대해 이야기하겠습니다.

실내디자인을 학생에게 가르치기 위해 석고보드가 이렇다!라고 말하는 기술적인 것만 가르치면 학생들은 재미없는 듯 자버립니다. 그래서 거기에 역사상 이름을 남긴 건축가의 실내디자인 이야기를 하게 되었습니다. 학생이 받아들이는 것은 라이트, 매킨토시, 가우디 등의 소재와 장식이 약간 있는 실내디자인입니다.

코르뷔지에 및 미스가 실현한 무장식의 공간은 지금에 와서는 당연한 것, 아무런 재미가 없는 듯합니다. 근대건축의 무장식과 고전주의, 고딕 등의 양식적인 장식의 종류, 장식이 사라지기 직전의 20세기

초의 디자인이 빛나 보입니다. 양식에 의지하지 않는 추상적인 장식은 보편적인 빛을 가지고 있어 앞으로도 재인식될 것으로 생각됩니다. 본 서에서는 그 당연한 작품에 초점을 두고 많이 거론하기로 했습니다.

실내디자인의 역사라는 책을 읽으면 가구의 역사, 의자의 역사가 많은데 본 서에서는 가구에 치우치지 않고 내장, 가구, 공간을 포함한 실내디자인 전체를 취급하도록 노력하였습니다. 결과적으로 역사적 사례가 대부분이고, 실내디자인 재료, 마감, 창호, 창호재의 철물, 커튼, 블라인드, 설비와 현장에서 도움이 되는 지식을 해설하였습니다.

마지막으로 본 서의 기획을 맡아주고, 일러스트 그리기를 귀찮아하는 필자를 격려하며 출판까지 이끌어 준 편집부와 여러 가지를 가르쳐 주신 전문가분들, 블로그의 독자 여러분에 이 자리를 빌려서 감사의 말씀 올립니다.

하라구치 히데아키

차례

일러스트로 배우는

실내디자인 기초

R001

Q 실내디자인이란 무엇입니까?

A 내부 디자인을 뜻합니다.

◐ 인(in)은 내측을 표시하는 접두어로 실내디자인 안, 내부, 실내를 의미한다. 이에 더하여 내장, 커튼, 블라인드, 가구, 조명, 식기 등으로 넓은 의미가 되었다.

- 밖을 뜻하는 접두어 엑스(ex)를 붙인 엑스테리어(exterior)는 외부를 의미한다. 건축에서 실외라는 것은 테라스, 보도, 차고, 문, 담, 식재 등의 외부구조 일반을 가리키는 경우가 많다.
- 인류 최초의 실내디자인은 동굴에 있었을 것이다. 비, 바람이나 맹수를 피하는 셸터로써의 역할 이외에 어둑하고 감싸주는 듯한 곡선적인 공간은 태내 자궁과 통하는 것처럼 느껴진다. 건축가는 동굴을 의식 여부와 관계없이 건축은 잠재적이고 근원적인 이미지로 동굴이 있는 것처럼 생각한다.

Q 오더(order)란 무엇입니까?

A 그리스, 로마에 기원을 둔 원주와 그 상하의 형식으로 도리아식, 이오니아식, 코린트식 등이 있습니다.

◐ 도리아식은 주초가 없고 심플하고 강한 형식, 이오니아식은 주두의 소용돌이가 특징적이며 우아한 형식, 코린트식은 복잡한 주두가 특징이다.

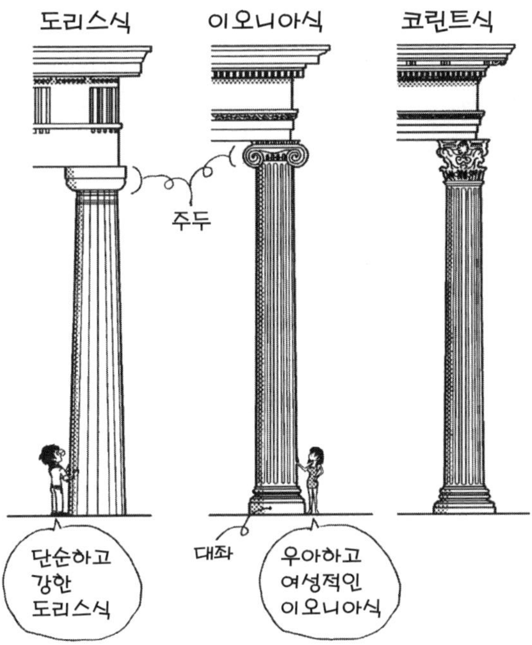

- 위의 세 가지 형식 이외에도 토스카나식, 컴퍼지트(composite) 등이 있다. 엄격하게 오더가 적용되는 경우와 거기에 창의력을 가미하는 경우가 있다.
- 그리스, 로마의 틀을 요구하는 고전주의 건축에서는 일반적으로 오더가 사용된다. 건축에서 고전이라고 하면 고대 그리스, 로마를 뜻한다. 고전주의 건축이란 고대 그리스, 로마의 틀을 요구하는 건축으로 르네상스, 바로크, 신고전주의 등은 모두 고전주의에 포함된다.

Q 코니스(cornice)란 무엇입니까?

A 오더 최상부의 튀어나온 수평대를 말합니다.

◐ 기둥 위에 얹는 수평대 전체를 엔태블러처(entablature)라고 하며, 엔태블러처 가장 위의 앞에 튀어나온 수평 부분을 코니스라고 한다. 벽의 최상부에 붙이는 장식된 수평대도 코니스라고 한다.

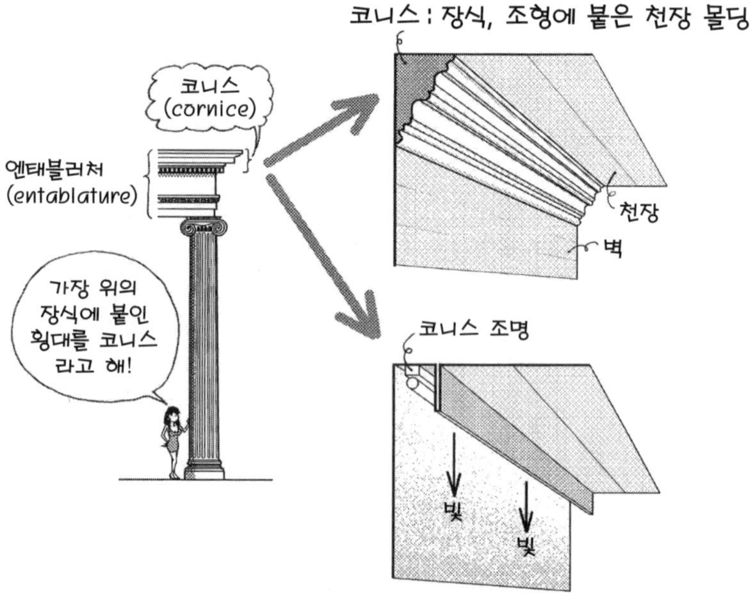

- 내장 벽면과 천장면의 경계에 넣는 가장자리를 천장몰딩이라고 하지만 장식에 조각된 천장몰딩을 코니스라고 하는 경우도 있다.
- 돌출된 장식 수평대를 몰딩(moulding)이라고 한다. 몰딩 중에서도 벽 최상부에 있는 것이 코니스이다.
- 코니스 조명은 천장과 벽이 접하는 부근에 조명을 감추는 판자를 붙이고, 아래쪽으로 빛을 내는 형식이다. 천장에 팬 곳을 만들고 그 안에 조명기구를 넣는 경우도 있다.

R004 고대 실내디자인 – 4

Q 몰딩(moulding)이란 무엇입니까?

A 벽면에서 돌출된 장식적인 수평대를 말합니다.

◐ 몰드(mould)란 틀에 넣어 만드는 것으로 서양의 장식 만드는 방법에서 유래된 단어이다. 동일한 단면이 연속해서 띠 모양을 한 것으로 벽 최상부의 몰딩은 코니스가 된다.

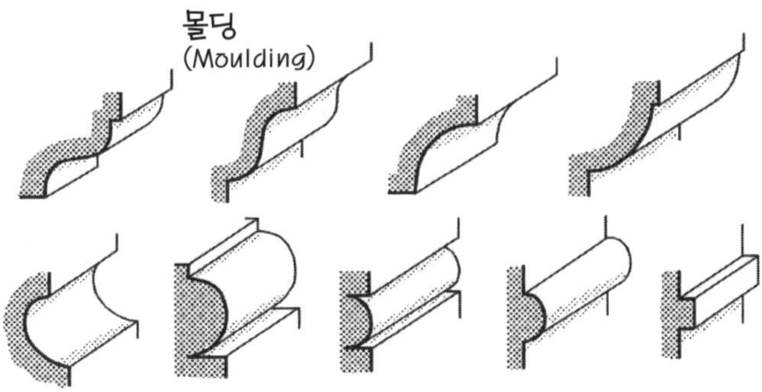

• 벽 최상부의 가로대는 천장몰딩, 최하부의 가로대는 걸레받이이다. 천장몰딩과 걸레받이에 붙인 것을 몰딩이라고 한다. 몰딩은 천장몰딩과 걸레받이 이외에도 벽의 중간, 기둥 등의 여러 장소에 사용된다.

Q 아치(arch), 보울트(vault), 돔(dome)이란 무엇입니까?

A 원형의 호를 사용하여 벽에 구멍을 낸 것이 아치, 아치를 한 방향으로 연결해서 터널형태로 한 것이 보울트, 아치를 회전시켜서 사발형태로 한 것이 돔입니다.

◐ 돌이나 벽돌을 쌓아서 만드는 조적조 벽에 구멍을 내기 위한 착안으로 아치가 만들어졌고, 옆에 합쳐지는 돌 사이에는 압축력만 작용하기 때문에 가능하다.

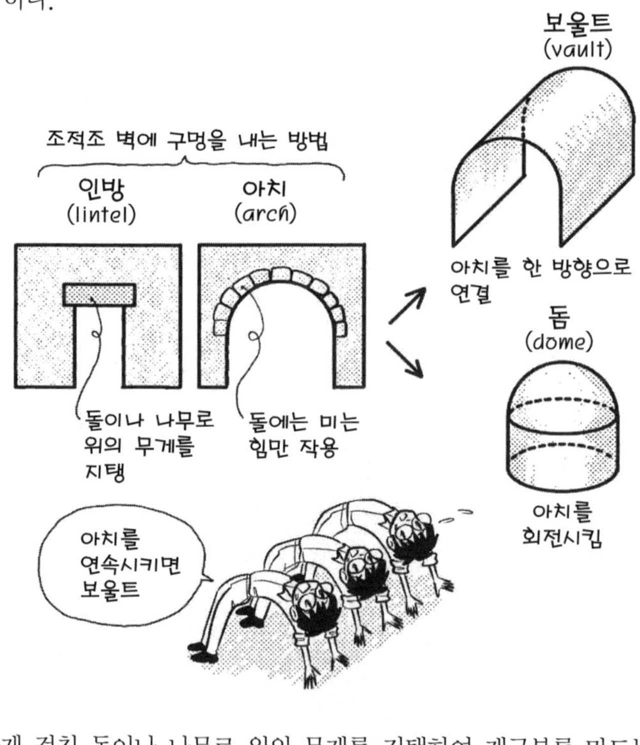

• 수평하게 걸친 돌이나 나무로 위의 무게를 지탱하여 개구부를 만드는 방법에는 인방의 크기로 인한 한계가 있다. 반면 아치는 작은 돌이나 벽돌을 사용하여 큰 구멍을 낼 수 있다. 아치, 보울트, 돔 등의 구조기술을 대대적으로 사용한 것은 고대 로마의 건축물이다. 근·현대의 실내디자인에도 그 영향은 나타난다.

Q 보울트 돔의 내면을 격자형태로 한 것은 있습니까?

A 건축역사상 매우 많은 실례가 있습니다.

◐ 고대 로마의 만유신전 판테온(128년, 로마)의 돔 내면은 사다리꼴의 격간으로 뒤덮인 격천장이다.

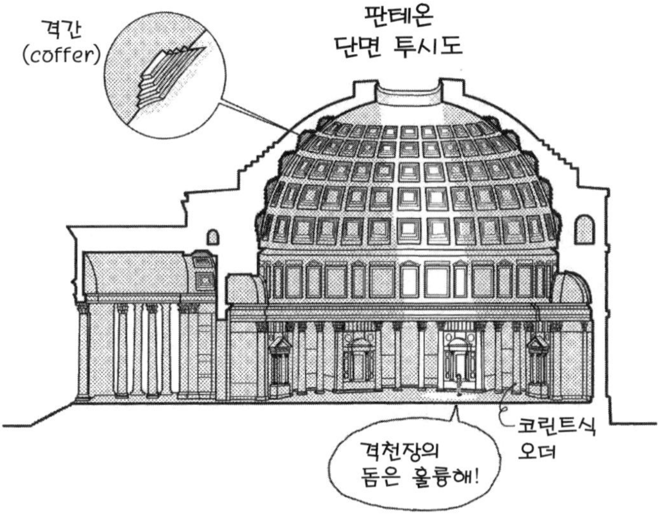

- 각 격간은 계단형태로 새겨져 있는데 그 음각이 아래에서 잘 보이도록 위의 위치를 조금씩 옮겨서 새기고, 중량을 가볍게 하기 위한 방법으로도 도움이 되고 있다. 이런 격자꼴의 천장을 갖는 돔은 많은 고전주의 건물에 인용되었다. 물론, 다수의 보울트나 평평한 천장에도 격천장이 사용되고 있다.
- 판테온의 돔은 높이와 폭이 같고 직경 약 43m의 구(球)가 내접할 수 있게 설계되어 있다. 돔은 무근콘크리트로 만들어져 있고, 돔의 두께가 아래로 갈수록 두껍게 되어 있는 것은 밖으로 넓어지려고 하는 힘에 의해 돔이 파손되지 않도록 하기 위해서이다.

Q 고대 그리스, 로마에서의 고전주의 흐름은 어떻습니까?

A 르네상스(→ 매너리즘) → 바로크(→ 로코코)입니다.

◐ 르네상스에서 부흥된 고대양식은 매너리즘(후기 르네상스), 바로크, 로코코로 진행되는 사이에 동적으로 과잉되었다. 이에 대한 반동으로 엄격한 신고전주의가 생겨나고, 또 너무 엄격한 신고전주의에 대한 반동으로 네오바로크가 이어진다.

고전주의의 흐름(유럽건축의 보수 본류)

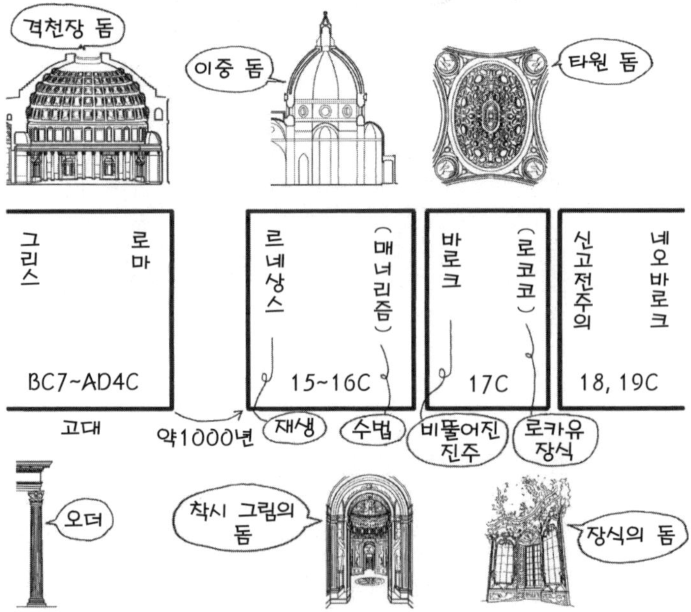

- 고전주의 계통은 유럽건축에서는 보수 본류로 평가되고 있다. 양식의 변천을 보면 단순 vs 복잡, 정적 vs 동적이라는 대립축을 오가고 있다.
- 돔(dome)은 라틴어의 '집(domus)'을 어원으로 '둥근 천장, 둥근 지붕' 외에도 '집, 지붕, 하늘의 덮개, 대성당'이라는 의미로도 사용된다.

Q 돔의 내측과 외측의 형태가 다른 것도 있습니까?

A 외관과 내관을 생각하여 이중으로 하거나, 구조체를 감추기 위해 이중으로 하는 등 르네상스 이후 많은 실례가 있습니다.

◐ 필리포 브루넬레스키(Filippo Brunelleschi, 1377~1446년) 설계의 산타 마리아 델 피오레 대성당 돔(1436년, 피렌체)은 팔각형의 첨두형 돔의 내측에 8각형의 돔이 걸려 있고, 돔과 돔 사이에는 늑골이 숨겨져 있다.

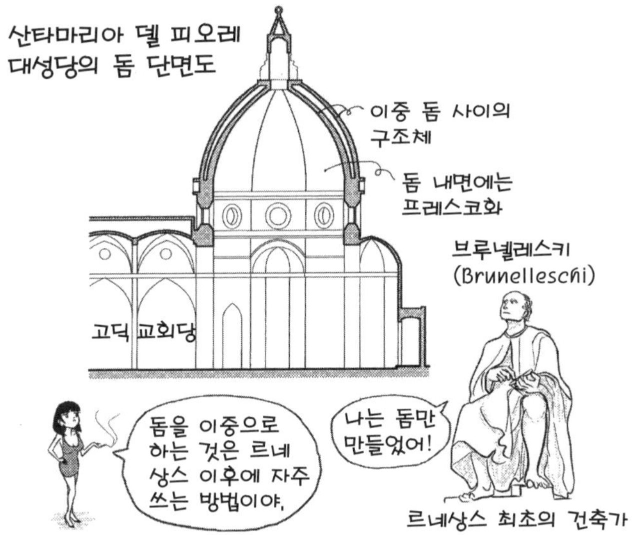

- 르네상스(Renaissance)는 프랑스어로 '재생'이라는 의미로 동로마제국 붕괴 후, 중세 후 14~16세기 이탈리아에서 발생하여 유럽에 퍼진 운동이다. 건축에 있어서 그리스, 로마의 고전 · 고대양식을 어떻게 재생 · 부흥시킬지가 테마였다.
- 브루넬레스키는 돔 프레임만을 담당하였는데, 결과적으로 르네상스 최초의 건축가라는 영광을 얻었다.
- 돔 내면의 그림은 프레스코화 기법으로 그려졌고, 회반죽을 벽에 칠하고 마르기 전에 도구로 그림을 그린다. 석회층에 그림도구가 스며들고 회반죽은 건조되어 견고하고 투명한 피막이 된다.

Q 타원형의 돔이 있습니까?

A 아래 그림과 같이 바로크의 작품에 있습니다.

◐ 프란체스코 보로미니(Francesco Borromini, 1599~1667년)에 의해 산 카를로 알레 콰트로 폰타네 성당(1668년, 로마)에는 물결치는 듯한 벽면 위에 타원형의 돔이 얹어져 있다.

산 카를로 알레 콰트로 폰타네 돔을 올려봄

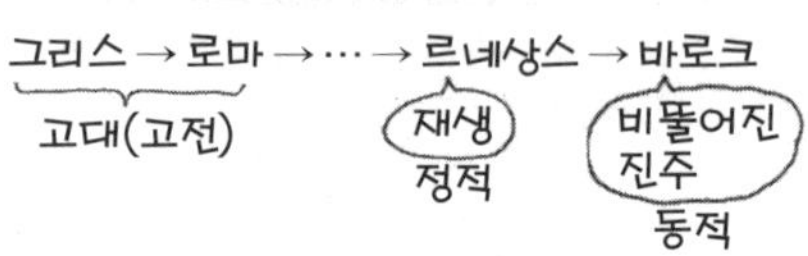

- 바로크란 '비뚤어진 진주'를 의미하는 포루투갈어에서 유래한다. 凹凸이나 물결의 강조, 역동적인 형태, 과잉된 장식 등이 특징이다.
- 산 카를로란 성인의 이름, 콰트로 폰타네란 네 개의 분수라는 의미로 이 교회가 세워진 십자로의 각 모서리에는 네 개의 분수가 있다. 자연광으로 드러나는 기하학 모양의 부조로 세워진 타원형 돔은 정말 압권이다.

Q 돔 표면에 착시를 느끼게 하는 그림 같은 회화를 그린 것도 있습니까?

A 팔라디오의 작품에서 보여집니다.

◐ 안드레아 팔라디오(Andrea Palladio, 1508~80년)의 빌라 로톤다(1567년, 비첸차)에서는 벽면, 천장면, 오더의 기둥이나 엔태블러처, 아치 등에 착시를 느끼게 하는 그림인 프레스코화가 깊이감 있게 그려져 있다.

- 기법을 의미하는 마니에라(maniera)에서 기법을 구사하는 양식을 마니에니즘(기법주의)이라 부르고, 르네상스 전성기에 고전주의가 거의 완성되어서 르네상스 후기에는 기법이 추구된 시대이다. 현재에는 매너리즘(mannerism)을 일정한 기법으로 만들어져 있고 표현이 틀에 박힌 좋지 않은 의미로 사용되게 되었다.
- 천장에 하늘이나 구름, 그 사이에 천사 등을 그리는 것은 르네상스 이후에 많이 나타난 것으로 보인다. 즉 천장을 하늘로 생각하고 있는 것이다. 그러나 건축요소까지 속이는 방식의 그림을 그리는 실례는 많지 않다.

Q 격간(格間)이 없는 평활한 돔에서 상세한 장식이 있는 예가 있습니까?

A 아래 그림과 같은 로코코의 실내에 있습니다.

◐ 프랑수아 퀴빌리에(F. Cuvillies, 1695~1768년)에 의한 아마리엔 부르크궁의 대기실(1739년, 뮌헨)은 천장과 벽면에 작은 황금 장식이 여기저기 박혀 있다. 벽에는 오더를 사용하지 않고 가는 곡선 모양의 액자로 분절하고 있다.

- 로코코(Rococo)양식의 특징은 고전양식 기피, 섬세하고 곡선적인 얇은 조각장식, 벽면 분절에 기둥을 사용하지 않고 곡선적인 액자형태를 사용하는 것이다. 돌, 조개껍데기, 식물의 잎 등을 모티브로 한 장식양식, 로카유(rocaille)가 로코코의 어원으로 이야기되고 있다.
  궁전 본체를 당당한 바로크양식으로 만들고 하나의 방이나 별궁 등을 섬세한 로코코양식으로 하고 있다.
- 주위에 설치된 거울은 적은 장식을 많아 보이게 하는 효과를 갖고 있다. 돔형의 천장에는 매우 작은 장식이 쓰였고, 박력이나 위엄은 배제되고 섬세함으로 표현된 실내디자인이다.

Q 격천장 돔은 판테온 이후 만들어졌습니까?

A 고전주의 건물에 매우 많은 실례가 있습니다.

◐ 칼 프리드리히 쉰켈(Karl Friedrich Schinkel, 1781~1841년)에 의한 신고전주의의 대표작 아르테스 뮤지엄(구 미술관, 1828년, 베를린) 중앙에 위치한 원형의 방은 판테온을 생각나게 하는 격천장 돔으로 되어 있다. 격간(格間 : coffer)은 2단에 새겨져 있으며 가장 안쪽에 채색된 면 위에 조각되어 있다.

- 바로크, 로코코와 같은 장식이 과다한 시대 이후, 18세기 후반부터 19세기 조반에 임격한 고고학적 그리스, 로마의 건축을 표방하려는 자세에서 신고전주의(Neo-Classicism)가 번성하게 되고, 르네상스 등의 고전주의에 반대하는 새로운 고전주의라는 의미에서 신(新)이 붙여졌다.
- 타츠노 킨고(1854~1919년)에 의해 건축된 도쿄역(1914년)의 천장은 격천장 돔이다. 도쿄역에 가면 위를 올려다보자.

Q 미술품 전시를 중심으로 한 주택 실내디자인이 있습니까?

A 건축역사상 미술애호가의 집에서 많이 보여집니다.

◐ 존 손(Sir John Soane, 1753~1837년)의 자택(1813년, 런던)은 돔형태를 하고 있으며, 3층까지 훤히 트인 방에는 미술품이 천장까지 잔뜩 전시되어 있다.

• 미술관 같은 병렬적인 전시가 아니라 입체적이고 중첩되어 있다. 편집광적이라고도 할 수 있는 방이 계속 이어지고, 손의 저택은 기존의 타운하우스를 개조한 것으로 지금은 손 미술관으로 일반에 공개되어 있다. 런던에 가면 반드시 방문해볼만한 건물이다.

• 손은 18세기 말에 일어난 신고전주의 건축가로서 활약하였고, 신고전주의에서는 그리스, 로마의 오더(기둥의 양식)를 사용하고 있으며 바로크, 로코코 등의 과다장식에 대한 단순하고 엄격한 고전주의이다. 잉글랜드은행(1788~1833년)의 증·개축으로 유명하다.

Q 계단을 훤히 튼 실내디자인이 있습니까?

A 바로크시대 이후에 많이 보여집니다.

◐ 샤를르 가르니에(Charles Garnier, 1825~98년)가 설계한 파리 오페라극장(1875년)의 출입구로 올라가는 계단은 훤히 트인 공간으로 되어 있으며 호화롭고 현란한 네오바로크의 대표작이다.

• 오페라극장의 출입구는 상연시간 외에도 견학이 가능하여 안쪽에 견학접수처가 있다.

Q 신고전주의(Neo–Classicism)와 네오바로크(Neo–Baroque)의 차이점은 무엇입니까?

A 신고전주의가 엄격하고 단순하게 고전을 부흥하려고 한 것에 반해 네오바로크는 곡선, 타원, 장식을 다양하게 하는 동적으로 풍요로운 고전을 지향하였습니다.

◐ 쉰켈(Karl Friedrich Schinkel, 1781~1841년)과 가르니에(Charles Garnier, 1825~98년)의 작품을 비교해 보면 일목요연함을 알 수 있다. 르네상스 → 바로크로 진행된 것처럼 신고전주의 → 네오바로크로 진전되었다.

Q 유럽 중세의 건축양식은 무엇입니까?

A 로마네스크, 고딕입니다.

◐ 그리스, 로마의 고대와 르네상스, 바로크 근세 사이에는 로마네스크, 고딕의 중세가 있다.

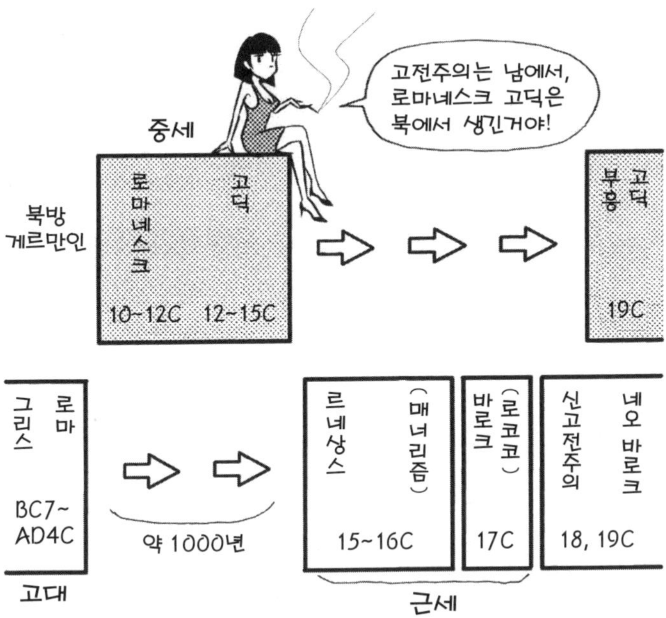

- 로마네스크(Romanesque)란 '로마풍'이라는 의미로 로마 후기의 초기 기독교 건축에 기원을 둔 건축양식이다. 고딕(Gothic)이란 '고트인과 같은 야만적인'을 의미하는 단어로 로마네스크가 진화한 양식이고, 로마네스크, 고딕은 수도원이나 교회에서 발전한 양식이다.
- 고전주의가 알프스 이남, 지중해 연안에서 발생 · 진화한 반면, 중세의 양식은 알프스 이북에서 발생했고, 남의 고전주의, 북의 중세건축이다. 고딕은 그후 영국의 고딕 부흥으로 국회의사당(1852년) 등 많은 건축이 만들어졌다.

Q 로마네스크의 아치형태는 어떻습니까?

A 반원 아치가 많습니다.

◐ 반원 아치를 연속하여 터널상태로 만든 것을 원통 보울트라 하고, 원통 보울트를 교차시킨 교차 보울트가 로마네스크 교회당의 천장에 자주 사용되었다. 교차 보울트는 떨어지기 쉬우므로 능선에 리브(늑골)를 붙이는 것이 개발되었다.

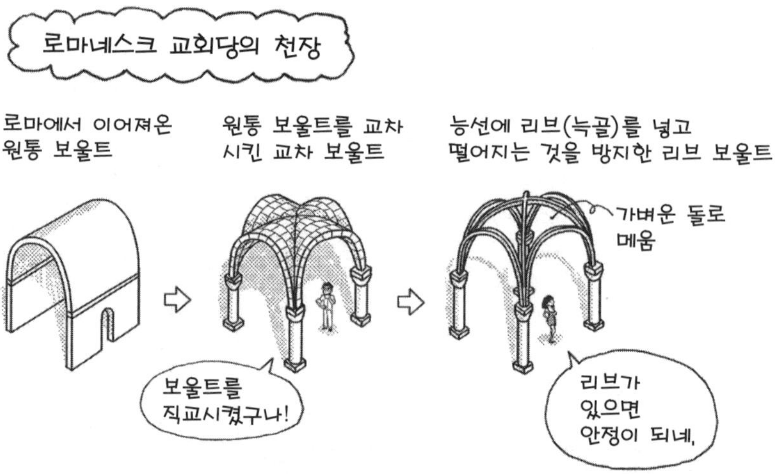

*보울트(vault) : 아치를 근원으로 한 곡면구조의 총칭

- 반원 아치가 로마네스크의 기본이지만 후기 고딕에서 대대적으로 사용되는 끝이 뾰족한 첨두 아치도 있다.
- 두꺼운 벽에 작은 아치를 뚫은 개구로 어둑한 실내이고, 중심 시가지의 고딕 대성당을 본 후에 지방의 로마네스크를 보면 두꺼운 벽에 의한 단순한 공간의 힘참, 중후함, 압축된 적은 빛의 고마움 등을 느끼게 된다. 필자는 영국 북부의 더 햄 대성당(11~13C), 독일 중부의 마리아성당(12C)을 추천한다.

Q 고딕 아치의 형태는 무엇입니까?

A 끝이 돌출된 첨두 아치입니다.

◐ 반원 아치의 교차 보울트에서 대각선의 능선을 반원 아치의 높이에 맞추면 반원이 되지 않으며 안정되어 보이지 않는다. 대각선의 능선을 반원으로 하면 높이가 변의 아치보다도 높아지고, 끝이 뾰족한 첨두 아치로 하면 높이를 맞추기 편하고 구조적으로도 안정적이다.

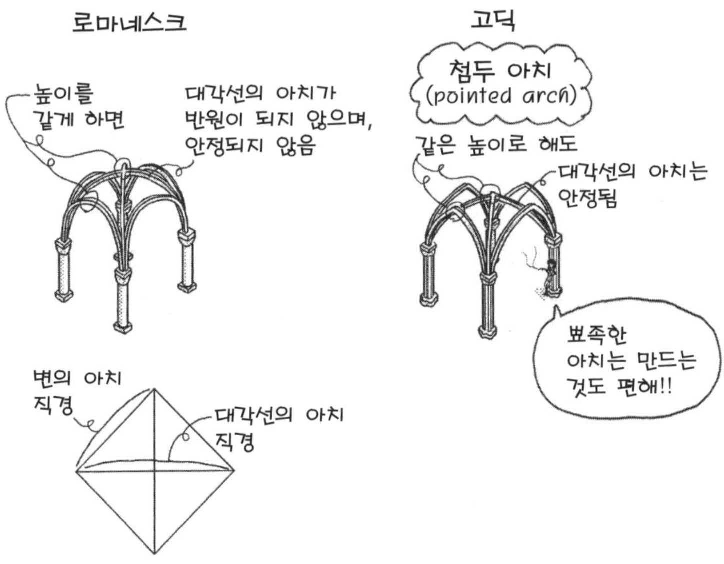

• 고딕의 성당은 파리 노틀담(13C)과 세인트 차펠(13C), 아미앙(13C), 샤르트르(13C) 등 대작이 많이 있지만, 필자는 조각이 깊은 론 성당(13C)을 추천한다.

Q 팬 보울트(fan vault)란 무엇입니까?

A 아래 그림과 같은 부채꼴의 보울트입니다.

◐ 영국 전성기의 고딕에서는 선의 요소를 복잡하게 감기게 한 천장이나 야자나무 잎 및 부채의 형태와 같은 보울트가 많이 만들어졌다. 팬(fan)이란 부채를 말한다.

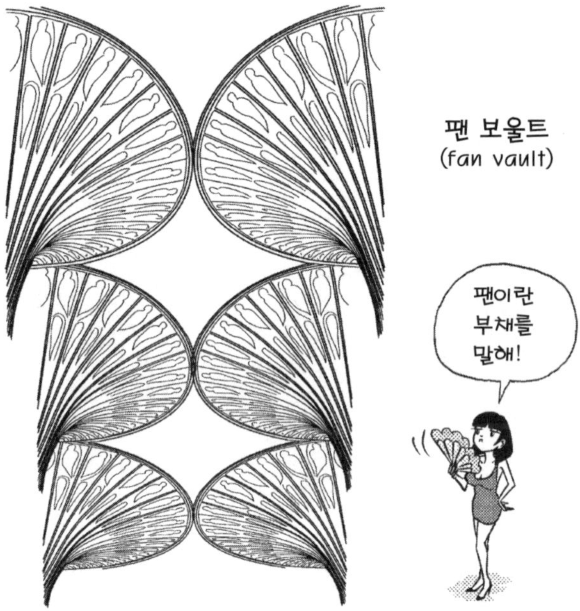

- 영국의 케임브리지에 있는 킹스 컬리지 예배당(16C)에는 훌륭한 팬 보울트가 걸려 있다.
- 고딕이란 '고트인과 같은 야만적인'이란 의미의 어원이고, 그로테스크는 섬뜩함을 품은 듯한 조형으로 이탈리아, 프랑스 등의 밝은 곳보다 다습한 영국 등에 제격이라 생각된다. 디즈니랜드의 「헌티드 맨션」과 같은 귀신의 집에는 고딕식이 안성맞춤이다. 중세의 어두운 이미지가 섬뜩함을 더해주고 있기 때문이다. 영국에서는 19세기에 고딕 부흥으로 일어나 활발한 고딕이 재생되었다. 비례, 형태 모두 섬뜩함, 오싹함을 표현하고 있고 세련된 고전주의와는 다른 매력이 있다.

Q 트레이서리(tracery)란 무엇입니까?

A 아래 그림과 같이 창의 아치, 보울트를 분할하는 장식, 분지 모양의 무늬입니다.

◐ 고딕의 교회당에서 발전한 것으로 시대와 함께 섬세해지고 복잡해지는 경향이 있었다. 트레이서리는 스탠드 글라스와 더불어 풍부한 고딕의 미를 형성하고 있다.

트레이서리
(tracery)

• 모네가 몇 장이나 그림을 그린 것으로 유명한 루안의 노틀담 대성당(16C), 이후에 생 마클루 성당(16C)에서는 상세하고 정교한 트레이서리를 볼 수 있다.

Q 해머 빔(hammer beam)이란 무엇입니까?

A 아래 그림과 같이 벽에서 돌출된 수평재를 경사재로 보강하여 지붕을 받치는 기법입니다.

◐ 영국 중세 교회나 매너 하우스(영주의 저택)에서 발달한 공법이며, 돌로 보울트를 만드는 것은 비용과 공사기간이 많이 소요되기 때문에 작은 교회나 저택에서는 지붕틀을 보여주는 실내디자인이 한창 사용되었다.

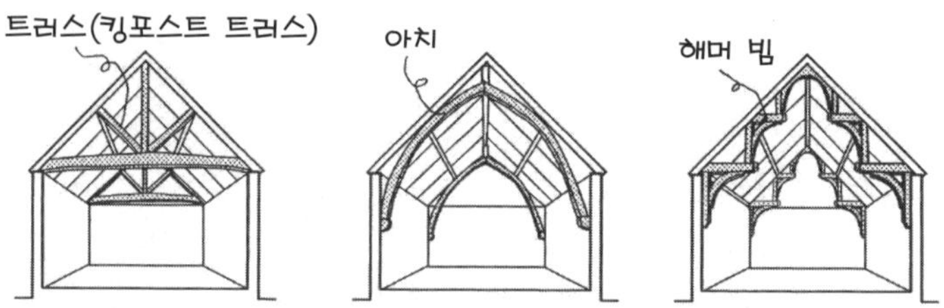

- 트러스(truss)란 삼각형을 짜맞추는 구조방식을 말한다. 돌로 보울트를 만든 대성당이어도 그 위의 지붕은 목조트러스로 받치고 있으며, 현재에도 체육관 등의 지붕을 받치는 들보에 자주 사용되고 있다.
- 장원(manor)을 관리하는 매너 하우스(manor house)의 홀(hall)이라고 하는 대관실에 지붕틀을 노출시켜 훤히 트인 공간이 만들어졌다.

Q 동굴의 이미지로 실내디자인이 만들어진 것이 있습니까?

A 건축역사상 동굴의 이미지와 관련된 많은 작품이 있습니다.

◐ 안토니오 가우디(Antoni Placid Guillem Gaudi Cornet, 1852~1926년)의 사그라다 파밀리아 교회(1882년~, 바르셀로나) 내부로 연결되는 입구 근처는 어두컴컴한 동굴이나 종유동 입구의 이미지와 비슷하고, 마찬가지로 가우디의 까사 바뜨요(1906년, 바르셀로나), 까사 밀라(1907년, 바르셀로나)의 내부도 동굴, 종유동을 연상시킨다.

사그라다 파밀리아 교회 입구

- 사그라다 파밀리아 교회 외관은 고딕의 요소를 받아들이면서 그것을 크게 일탈하는 어마어마한 조형이다. 바르셀로나 근교의 몬세라트 암산(岩山)에서 발상한 것이라는 얘기도 있다.
- 건축물의 외측(凸측)과 내측(凹측)은 남성기와 여성기가 비교되어 이야기되기도 한다. 밖으로 돌출된 상징적인 형태보다도 내부로 받아들이고 감싸는 공간에 대한 관심을 말한다.

Q 동굴 같은 실내디자인은 어떻게 만들어집니까?

A 벽과 천장의 경계를 없애고 불규칙적인 곡면 · 곡선을 사용합니다.

◐ 아래 그림은 가우디의 까사 바뜨요(1906년) 2층 중앙 살롱이다. 벽과 천장 사이에 이음매 없이 곡면으로 연속되며, 창이나 붙박이가구도 곡선을 사용하고 천장면은 조명을 중심으로 소용돌이치고 있다.

까사 바뜨요의 2층 중앙 살롱

- 까사 바뜨요는 기존 건물의 내부와 외부를 같이 개조한 것이다. 해저동굴을 연상시키는 구불거리는 벽면과 천장면은 칠을 하여 마감하였고, 벽 표면은 수면의 파문과 같은 비늘 형상으로 만들었다.
- 벽과 천장은 스터코(화장회반죽)를 발라 만들었으며, 그 위에 모양이 있는 도장으로 새겨져 있다.
- 위 그림의 정면 목제 창호 · 문을 열면 옆방으로 연결되고, 우측의 목제 창호 · 문을 열면 평면도에서 십자가가 그려져 있는 작은방, 제실(祭室)이 된다.

Q 동굴과 같은 곡면을 구조체(구체)에서 독립시켜 만든 것이 있습니까?

A 천장이나 벽을 구조체에서 떼어놓는 것으로 벽과 천장이 일체가 되는 듯한 곡면을 만드는 실례는 많이 있습니다.

◐ 까사 바뜨요는 기존의 건물을 개조한 점에서 구조체와 분리하여 공간이 만들어졌다. 흔히 말하는 '종이를 발라 만든 물건'이다.

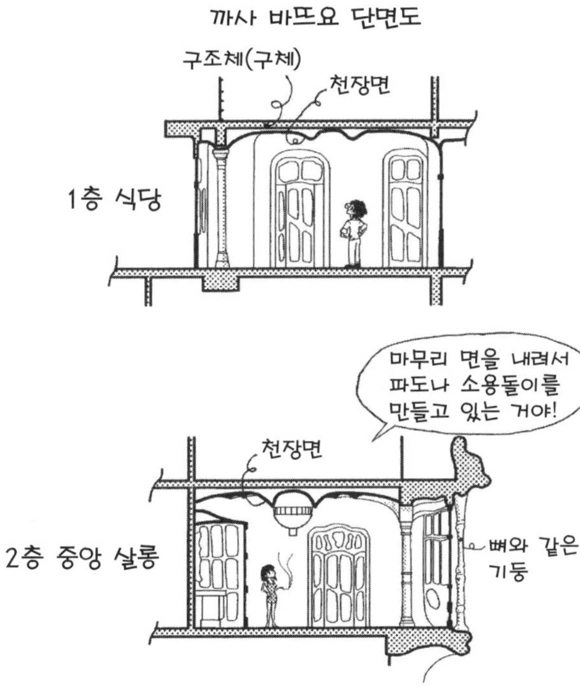

- 가우디 작품에는 아치나 보울트 등의 구조체를 노출함으로써 동굴적 표현의 예도 많이 보여준다.
- 건축역사상 구조에서 독립시켜 곡면을 만들고 있는 작품은 많다. 근대건축 이후 구조에서 독립시켜 공간을 만드는 것은 기피되는 경향이 있다. 전체 구성의 결과로서 실내디자인이고 실내디자인만 독립시키는 것은 정도가 아니라는 생각이다.

Q 도어 등의 창호가 평면방향(수평방향)으로 굴곡져 있는 것이 있습니까?

A 아래 그림과 같이 곡면 효과를 내기 위해 구불거리게 한 것이 있습니다.

◐ 까사 바뜨요의 2층 중앙 살롱의 목제창호와 움직이는 문, 칸막이는 입면으로 곡선형태를 적용한 것뿐만 아니라 평면방향에서도 구불거리게 했고, 전후에 凹凸을 주고 방 전체에서 동굴과 같은 물결치는 곡면을 강조하고 있다.

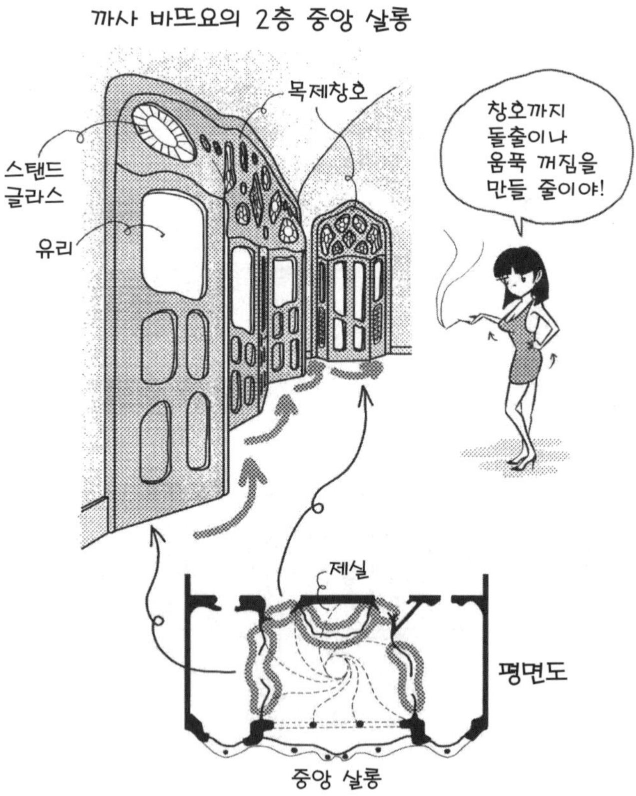

• 중앙 살롱의 좌우 옆방 안에는 제실이 있으며, 그 3면에 굴곡을 이루는 목제창호를 만듦으로써 방 전체에서 굴곡벽이 연출되었다.

Q 쇠창살문에서 곡선적인 디자인이 가능합니까?

A 철은 가공하기 쉽기 때문에 평면적 곡선, 입체적 곡선도 가능합니다.

◐ 가우디의 까사 밀라(1907, 바로셀로나) 공용부 입구는 아래 그림과 같이 평면을 곡선형태로 뚫은 모양을 하고 있다.

까사 밀라의 공용부 입구

- 까사 밀라의 입구는 막대기 모양의 철을 용접하여 평면 모양으로 만든 것이다. 철은 판자를 뚫거나 구부리기, 비틀기, 틀에 쇳물을 붓거나 용접하는 등의 여러 가지 가공이 가능하기 때문에 가우디 건물의 세부적인 장식에 많이 쓰이고 있다. 격자 형태는 안에서 보면 실루엣으로서 거리가 비춰 보이기 때문에 매우 미적이다.
- 유럽의 건물 하층부에서는 방범의 의미에서 철격자(그릴)가 자주 사용된다. 돌의 외장에 대해 검은 철의 격자나 격자문은 디자인의 중요한 요소가 되었다. 파리의 카스텔 베랑제(헥토르 기마르 작, 1898년) 입구의 격자문은 아르누보의 대표작으로서 유명하다.(R063)

Q 뼈를 인용한 실내디자인이 있습니까?

A 가우디가 즐겨 사용했습니다.

◐ 아래 그림은 까사 바뜨요의 계단이다. 계단 측면에는 공룡의 등뼈를 연상시키는 목제의 화장재가 쓰였고, 등뼈와 같이 부품을 하나하나 만들고 나서 연결하여 긴 재료로 사용하고 있다.

까사 바뜨요의 계단

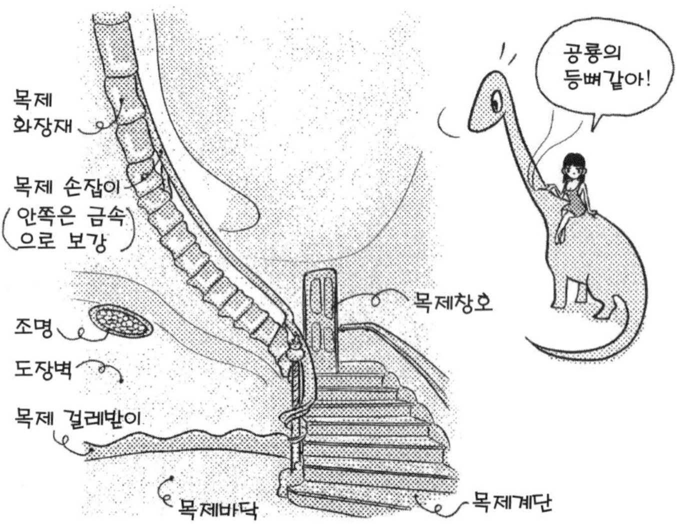

- 가우디의 뼈와 같은 디자인은 카사 바뜨요 외측의 기둥이 유명하다. 가우디의 아틀리에에는 50cm 높이의 철제해골이 벽에 걸려 있어 조각상의 모델로 사용되고 있다. 조각상의 모델 이외에 건축이나 실내디자인 발상의 근원이 되었던 것 같다.
- 관절을 응용한 디자인이 현대에는 철골의 핀으로 자주 인용되고, 그 경우는 로봇의 관절처럼 보인다.

Q 알코브(alcove)란 무엇입니까?

A 벽의 일부가 움푹 들어간 부분, 작은 방을 말합니다.

◐ 아래 그림은 까사 바뜨요의 전실에 있는 난로를 감싸는 알코브이다. 타일, 도기, 돌 등으로 알코브를 만들고 있다. 동굴 안의 움푹 들어간 곳, 구멍 안의 작은 구멍을 말한다.

까사 바뜨요의 계단실 난로 앞의 알코브

- 알코브는 아라비아어의 보울트를 의미하는 'alqobban'이 어원이고, 원래는 벽면의 아치 모양, 보울트 모양, 돔 모양의 움푹 들어간 것을 의미한다.

R029 가우디 - 8

Q 목제 의자에서 곡선, 곡면을 만들 수 있습니까?

A 나무는 가공하기 쉽기 때문에 간단히 만들 수 있습니다.

◐ 까사 바뜨요의 2인용 팔걸이의자는 좌면, 등받이, 팔걸이, 다리 모두의 윤곽이 곡선으로 되어 있으며 가구의 면은 곡면으로 파여 있다. 등받이는 네 장의 판을 합쳐 만들어서 나뭇결이 마름모꼴 모양으로 보이도록 디자인되어 있다.

- 다리 부분에는 양식적인 곡선이 나타나 있다.

Q 타일로 곡면의 가구를 만든 것이 있습니까?

A 작은 모자이크 타일이나 파쇄 타일을 붙여서 만드는 예는 많이 있습니다.

◐ 가우디에 의한 구엘공원(1914년, 바르셀로나)에는 벤치에 잘게 부순 컬러플한 타일(도편)이 붙여져 있다.

- 파쇄 타일의 모자이크는 가우디의 형제 조셉 마리아 쥬조르(Josep Maria Jujol, 1879~1949년)에 의한 것이다.
- 현장에 늘어놓고 형태 및 색의 밸런스를 조절하면서 붙인 것으로 생각된다. 파쇄한 돌이나 타일을 붙이는 방법은 현재 욕실 및 점포의 벽면 등에 사용되고 있다. 25mm×25mm 정도의 모자이크 타일로 곡면을 덮는 경우도 있다.

R031

Q 프레리 하우스, 유소니언 하우스란 무엇입니까?

A 프랭크 로이드 라이트(Frank Lloyd Wright, 1867~1959년)가 자신이 디자인한 주택에 붙인 명칭입니다.

◐ 라이트 주택 작품은 크게 전기의 프레리 하우스(초원주택)와 후기의 유소니언 하우스로 분리되고, 전기에 사용했던 스탠드 글라스 등의 장식도 후기에서는 거의 보이지 않는다.

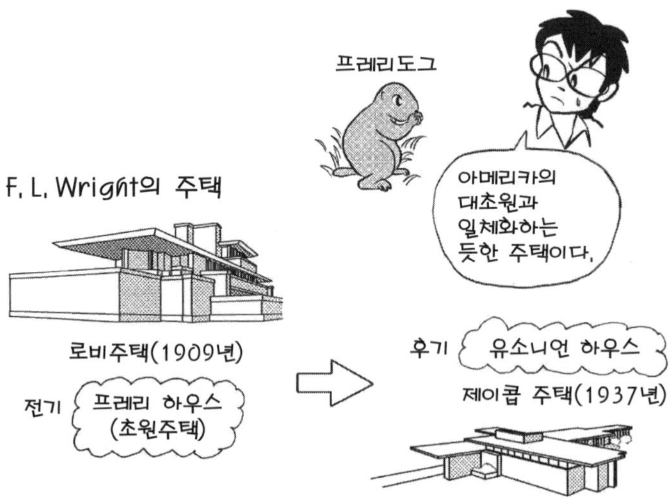

- 프레리(prairie)는 대초원이라는 의미이며 유소니언은 소설에 나오는 단어에서 고른 것이다. 전기에는 대형 주택이 많았지만 후기에는 일반가정을 대상으로 한 소형 주택을 많이 지었는데, 이를 유소니언 주택이라고 명명하였다.
- 라이트는 대지에 뿌리를 내린 자연과 일체화하는 듯한 디자인, 유기적 디자인을 추구하였고, 유기적이란 라이트가 자주 사용한 단어로 근대건축의 무기적이고 기계적인 디자인과 대립하는 것으로 자연소재를 많이 이용하며 자연과 일체화되는 듯한 디자인을 말한다.

RO32

라이트 – 2

Q 라이트 주택에서 평면의 중심에 있는 것은 무엇입니까?

A 난로입니다.

◐ 윌리츠 주택(1902년, 시카고)은 십자형 평면의 전형적인 예이다. 중앙에 난로가 있으며 그 주위에 방과 방이 문을 사이에 두지 않고 애매하게 연속되어 있다. 방과 방이 교차되는 곳에 수직격자를 두고 사람을 거기에 따라 걷게 하는 동시에 난로 옆의 벤치 스페이스를 둘러싸고 있다. 라이트의 공간이 유동적이라고 보는 까닭이 여기에 있다.

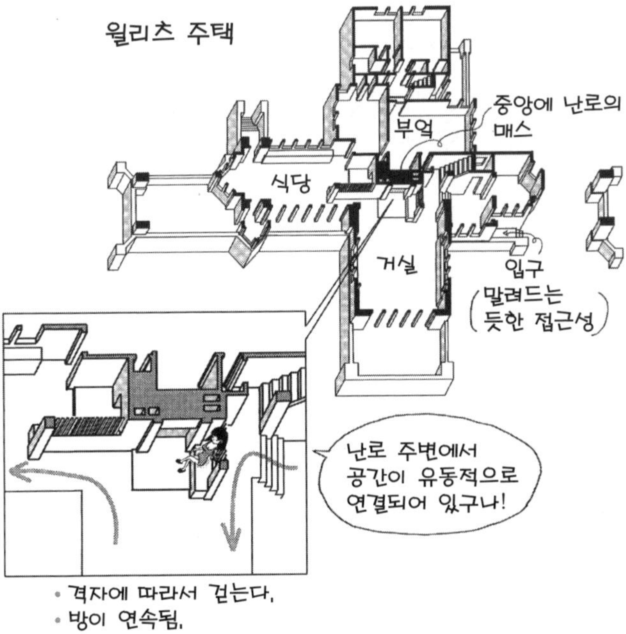

- 프레리 하우스, 유소니언 하우스는 모두 평면의 중심에 난로를 놓은 예가 많다.
- 난로를 집의 중심에 놓는 것은 16~18세기 아메리카 식민지시대에 목조의 단순한 상자와 같은 건물에서 행해지고 있었다. 벽돌이나 돌 등의 크고 무거운 덩어리는 한 번 데우면 좀처럼 식지 않는 친환경적 요소이다.

RO33

라이트－3

Q 프레리 하우스의 벽, 천장에는 어떤 장식이 되어 있습니까?

A 목제의 가장자리(trim)나 테두리를 두르는 등의 장식을 하고 있습니다.

◐ 로비 주택(1909년)에는 기둥의 모퉁이에 목제 테두리가 붙어 있으며 천장에는 횡단하는 듯한 목제의 가장자리가 같은 간격으로 붙어 있다.

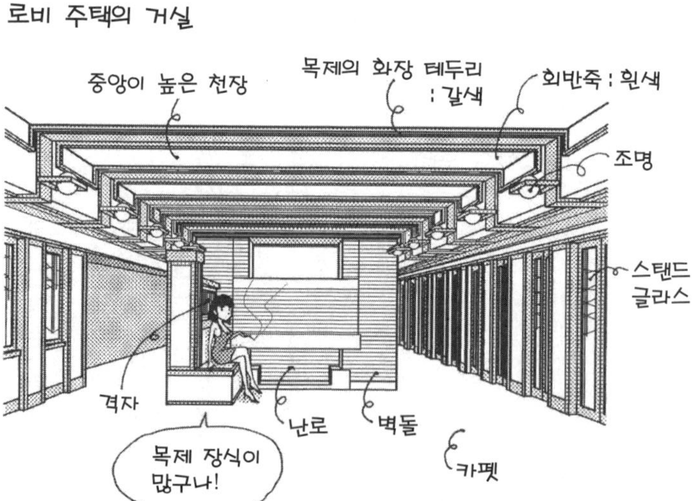

● 시카고 시내에 있는 로비 주택은 잘 보존되어 있어 견학 가능하기 때문에 시카고에서는 필수 견학장소이다. 십자형 평면의 프레리 하우스 중 내부 견학이 가능한 곳은 적기 때문이다.

Q 라이트는 평평하지 않은 천장을 만든 적이 있습니까?

A 경사가 있는 천장이나 보울트 천장 등을 많이 만들고 있습니다.

◐ 라이트의 작품은 400개 이상 있는데 천장만 봐도 여러 가지 형태가 있다. 쿤레이 주택(1908년, 일리노이주 리버사이드)에서는 지붕의 경사에 맞춘 천장형태를 하고 있으며, 로비 주택에서도 마찬가지로 목제의 화장 테두리가 많이 쓰이고 있다.

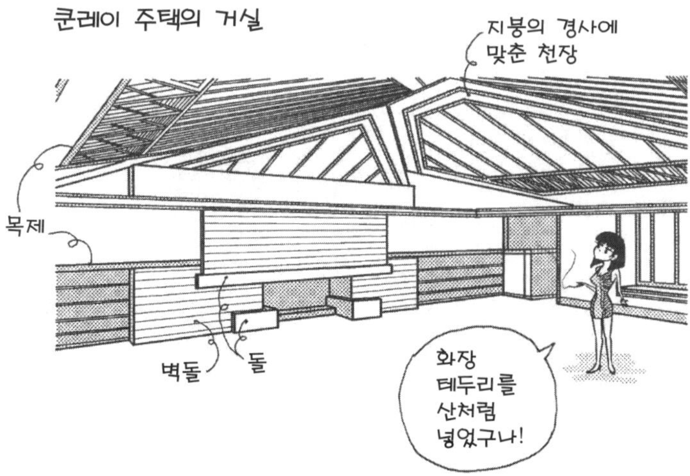

- 프레리 하우스는 1910년 베를린에서 열린 작품전에 소개되어 같은 해 작품집으로도 출판되었다. 상자형태를 파괴한 십자형 등의 형태는 유럽의 근대운동에 많은 영향을 주었다.
- 경사진 천장은 지붕의 경사를 그대로 취하고 공간을 높게 하는 경우가 많다. 그만큼 지붕과 천장 사이가 없어지는 것이 된다. 지붕과 천장 사이가 없으면 환기도 어렵고, 여름에는 지붕의 열이 그대로 아래로 전해져 더워지는 단점도 있다. 경사진 천장의 면밀한 환기에 대한 대책과 단열에 대한 대책이 필요하다.

R035

라이트 – 5

Q 라이트가 디자인한 스탠드 글라스의 특징은 무엇입니까?

A 직선, 사선, 원형, 삼각형 등의 기하학적이고 추상적 도형의 짜맞추기로 만들어져 있습니다.

◐ 구상적인 식물에서의 인용은 거의 보이지 않는다. 로비 주택 거실의 스탠드 글라스는 예각의 사선을 짜맞춘 것으로 선의 조밀한 부분과 성긴 부분이 대비되어 있다. 색유리는 극히 일부에 악센트를 주는 느낌으로 끼워져 있는 정도이다.

- 로비 주택의 자동차가 들어가는 뒷문에는 스탠드 글라스와 비슷한 디자인의 격자문이 달려 있다.
- 전기의 프레리 하우스에서 사용된 스탠드 글라스는 후기의 유소니언 하우스에서 거의 사용되지 않고 있다.

Q 라이트가 원형을 장식에 사용한 적이 있습니까?

A 자주 사용하였습니다.

◐ 반즈돌 주택(1921년, 로스앤젤레스)의 난로에는 돌의 부조로 원형이나 삼각형을 사용한 장식을 쓰고 있다. 원형은 중심성이 강하고 좌우대칭이 되기 쉽지만 여기에서는 원형을 크게 하고 좌측으로 옮김으로써 현대적 장식의 패턴을 만들었다.

반즈돌 주택의 난로

- 반즈돌 주택은 마야건축을 떠오르게 하는 외관을 하고 있다. 일본의 아시야에 세워진 야마무라 주택(1918년, 현재는 영빈관)도 같은 외관이다. 둘 다 내부 견학이 가능하다.
- 일본의 라이트 작품에서는 야마무라 외에도 자유학원(1921년, 도쿄), 제국호텔(1923년, 도쿄, 1968년 본관 해체, 현재는 정면의 일부를 나고야 박물관 메이지무라에 보존)은 내부 견학이 가능하기 때문에 건축, 실내디자인 관계자는 반드시 방문해보길 바란다.

Q 라이트는 자연의 바위를 실내디자인으로 받아들인 것이 있습니까?

A 낙수장(1936년, 펜실베이니아주 베어런 계곡)의 난로 주변에는 바닥에 건물이 세워지기 이전부터 있었던 바위가 돌출되어 있습니다.

◐ 강의 암벽에 세워진 낙수장은 외관이 자연과 일체된 듯한 건물로 내부에도 그 바위가 나와 있다. 난로에는 가로로 긴 돌이 쌓여 있으며, 천장 가까이의 선반과 어우러져 수평선을 강조하고 있다.

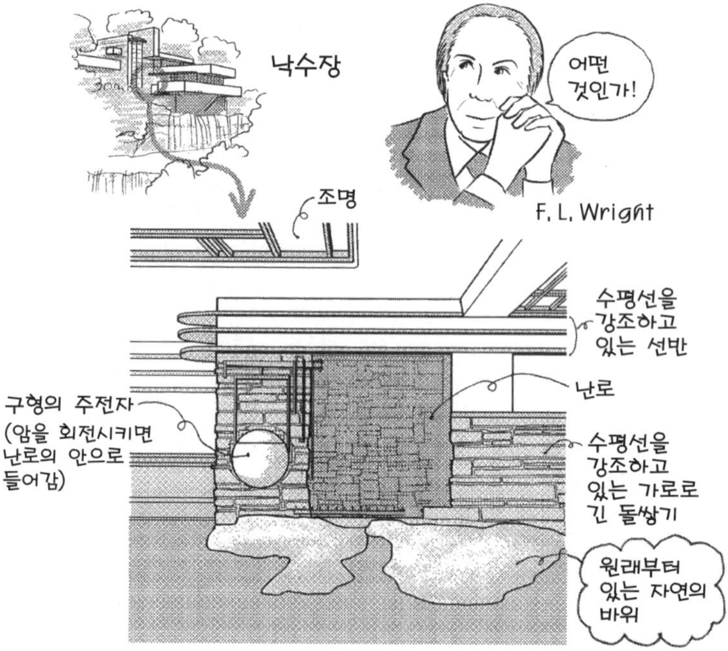

- 라이트가 설계한 수많은 주택 가운데 가장 유명한 곳은 낙수장(Falling water)이다. 라이트는 일이 없는 불운의 시기를 보내고 일본에도 왔었지만, 이 낙수장으로 획기적인 부활을 하고, 이후 유소니언 하우스를 열정적으로 만들어갔다.
- 낙수장은 피츠버그 교외에 차로 2시간 정도 가는 곳에 있고, 내부 견학도 가능하다.

Q 라이트의 벽과 유리의 평면상에서 사용방법은 무엇입니까?

A 조망을 여는 측, 절벽의 유리, 그 반대측, 산측의 L자에 벽을 배치하는 방법을 자주 사용했습니다.

◐ 낙수장 안측에 있는 게스트하우스는 산측에 L자로 감싸는 벽, L자의 코너에 난로, 절벽측에 유리를 배치하고 있다. 낙수장과 마찬가지로 벽에는 가로가 긴 돌을 쌓고 선반과 함께 수평선을 강조하고 있다.

낙수장의 게스트하우스

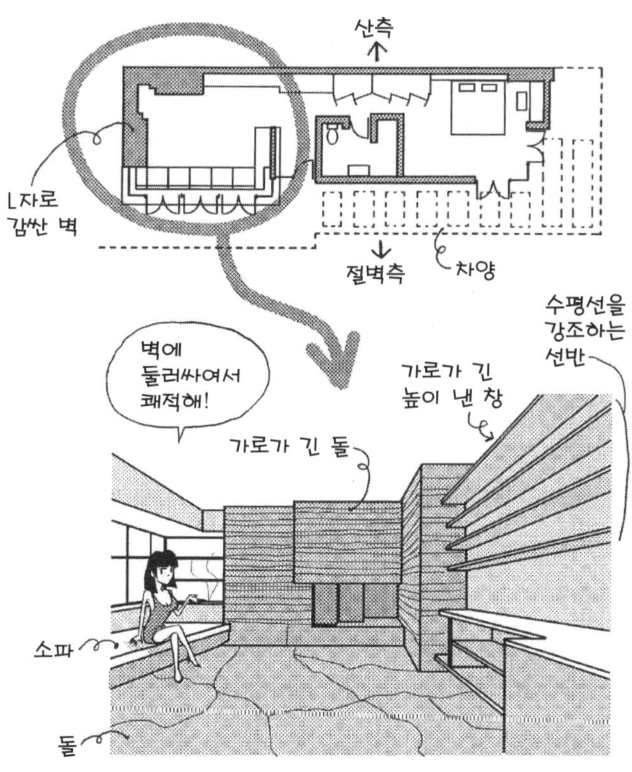

- 건축작품으로는 낙수장이 압도적으로 훌륭하지만 게스트하우스쪽이 스케일감이나 벽에 둘러싸여 있어 기분이 좋고 살아보고 싶다는 생각도 든다.

Q 라이트는 육각형, 삼각형의 그리드(grid : 격자), 평행사변형의 그리드를 사용한 평면구성을 한 적이 있습니까?

A 꽤 많은 실례가 있습니다.

◐ 한나 주택(1936년, 캘리포니아주 스탠퍼드)은 육각형 그리드에 의한 평면구성을 하고 있으며 허니컴 플랜(honeycomb plan)에 의한 아름다운 주택이다. 직각에 교차되는 벽이 없고 부드러운 공간이 연속된다.

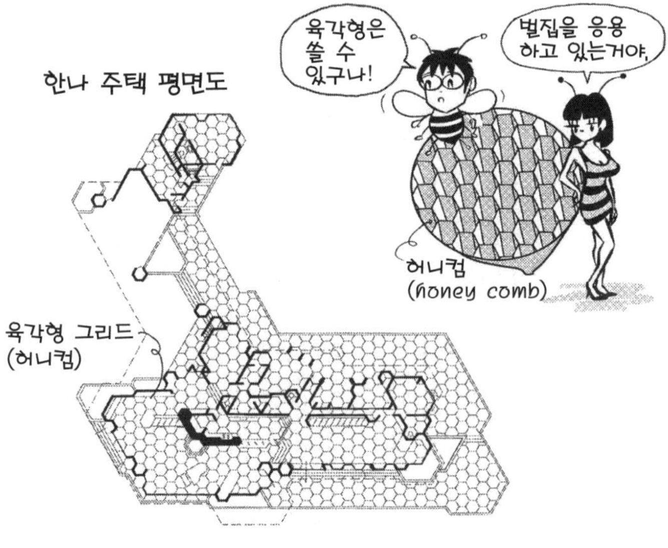

- 전기의 프레리 하우스에서는 불균등한 더블그리드를 사용하고 있으며, 후기의 유소니언 하우스에서는 균등한 그리드가 많이 사용되었다. 정방형, 평행사변형, 육각형, 삼각형, 원형의 그리드 등 모든 패턴이 추구되고 있다.
- 한나 주택은 샌프란시스코 교외, 스탠퍼드대학의 근처에 있다. 필자가 방문했을 때는 주거지로 사용되고 있어서 내부 견학은 할 수 없었다. 도로측에서 외관을 보면 벽과 천장이 허니컴으로 구성되어 있는 것을 알 수 있었다. 수평선이 강조된 벽이나 처마, 천장의 목제 판벽 널빤지를 보고 아름답다고 느낀 것이 인상에 남아 있다.
- 허니컴(honeycomb)이란 벌집을 말하며, 종이로 만들어진 문의 코어재, 허니컴 등에도 이 구조가 사용되고 있다.

Q 라이트는 나선 모양의 공간을 만든 적이 있습니까?

A 구겐하임미술관(1959년, 뉴욕)이 그 대표적인 예입니다.

◐ 중앙의 훤히 트인 주변에 스파이럴형태의 갤러리를 배치하고 엘리베이터로 위로 올라간 후 슬로프를 내려오면서 그림을 감상하는 구조이다. 모리스 상회(1948년, 샌프란시스코)에서 부분적으로 사용된 원호 모양의 슬로프를 여기에서는 대대적으로 사용하고 있다.

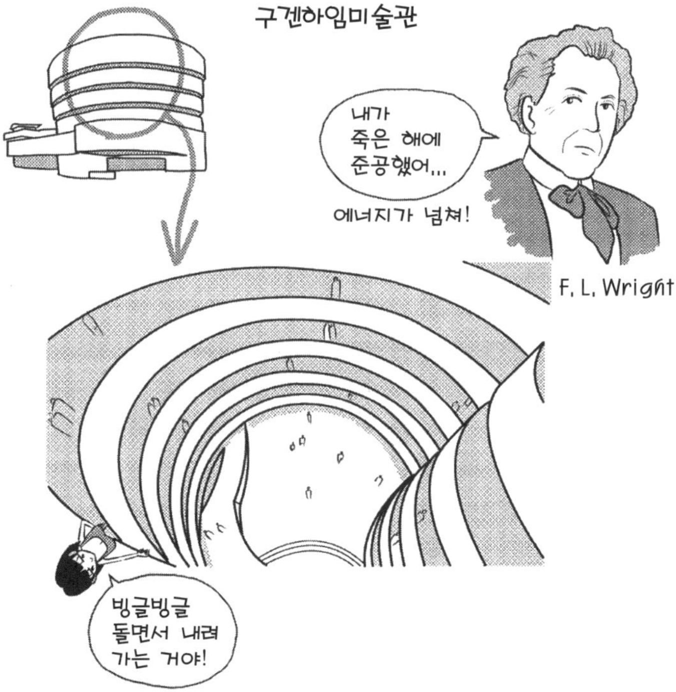

- 원호 모양의 슬로프는 위로 갈수록 밖으로 넓어지고 중앙에는 탑라이트가 부착되어 있다. 사각형의 나선과 훤히 트인 곳에 걸리는 슬로프의 미술관은 코르뷔지에도 구상하고 있지만 여기까지 철저히 나선을 실현한 것은 라이트가 처음이다.

R041 토넷

Q 토넷이 만든 가구의 특징은 무엇입니까?

A 구부린 나무로 만들어진 심플하고 대량생산이 가능한 디자인입니다.

◐ 마이클 토넷(Michael Thonet, 1796~1871년)은 나무를 고온의 수증기로 부드럽게 한 후 나무를 구부리는 기술을 개발하였으며, 양식을 적용하지 않은 단순한 디자인의 「Chair No.14」(1859년) 등을 생산하였다.

Q 하이 백 체어(high back chair)란 무엇입니까?

A 아래 그림과 같은 등받이가 높은 의자를 말합니다.

◐ 하이 백 체어 중에서도 찰스 레니 매킨토시(Charles Rennie Mackintosh, 1868~1928년)가 힐 하우스(글래스고우 근교, 1904년)에 놓기 위해 디자인한 래더 체어(ladder chair)가 유명하다.

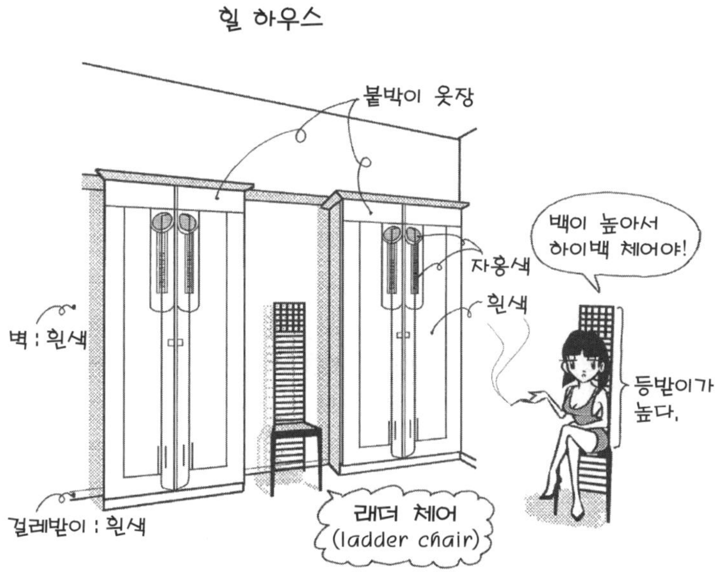

- 래더(ladder)란 사다리를 말하며, 래더 체어는 등받이가 사다리 모양으로 된 디자인이다. 래더 백 체어라고도 한다.
- 글래스고우 교외에 있는 힐 하우스는 내부 견학이 가능하고, 글래스고우 미술학교, 윌로우 티 룸(R048) 등 내부를 꼭 보자.

Q 근대 건물에서 흰 벽에 꽃 모양의 그림을 그린 것이 있습니까?

A 근대 초에 매킨토시에 의한 실례가 있습니다.

◐ 매킨토시는 장미의 모티브를 즐겨 그렸다. 힐 하우스의 많은 흰색의 벽 위에 스텐실 프린트의 추상화로 표현한 로즈색 장미와 연녹색의 잎이 그려져 있다.

- 스텐실 프린트란 그림을 오려낸 종이를 벽에 대고 도료를 묻힌 붓이나 스펀지를 사용하여 그 오려낸 부분 위를 칠하거나 두드려서 그림을 그리는 방법이다.
- 20세기 초 매킨토시의 작품은 동시대를 사는 오스트리아 빈의 작가들에게도 강한 영향을 주었다. 특히 장식 측면에서 그 영향력이 컸다.
- 근대건축은 장식을 배제한 것으로 되어 있지만 근대 초에는 과거와 다르게 보다 추상화되고 세련된 장식이 남아 있다. 장식이 사라지기 전 작품들을 보면 장식을 전혀 사용하지 않은 작품과는 다른 매력이 있다. 필자가 학생 때 글래스고우와 빈의 작품들을 보러가서 장식의 힘을 뼈저리게 느꼈다.

Q 근대건축에서 조명기구에 꽃 모양을 붙인 것이 있습니까?

A 매킨토시가 디자인한 조명기구에 사용되고 있습니다.

◐ 힐 하우스의 거실에 달린 브래킷 조명의 스탠드 글라스는 장미 모양으로 디자인되어 있고, 장식의 틀은 납으로 만들어져 있다.

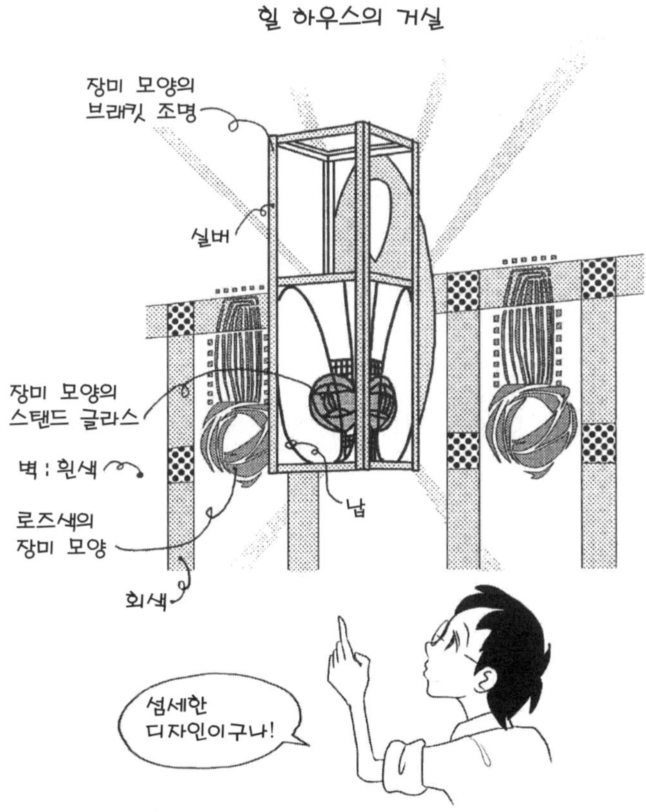

- 브래킷(bracket)이란 벽에 부착하는 조명기구를 가리킨다.
- 매킨토시에 의한 조명기구는 장미 모양, 격자, 정방형 그리드 등을 사용한 선이 섬세하게 금속으로 디자인된 것이 많다.

RO45

매킨토시 – 4

Q 매킨토시의 장미 모티브는 어떤 형태입니까?

A 아래 그림과 같이, 꽃잎을 나눠서 그리는 것이 아니라 타원형의 곡선을 겹치고 거기에 잎이나 줄기를 의미하는 직선에 가까운 곡선을 겹쳐서 만들고 있습니다.

◐ 장식이 추상화된 곡선으로 만들어져 있기 때문에 근대적 흰색 벽이나 천장에 붙여도 위압감이 들지 않는다.

매킨토시의 장미 모티브

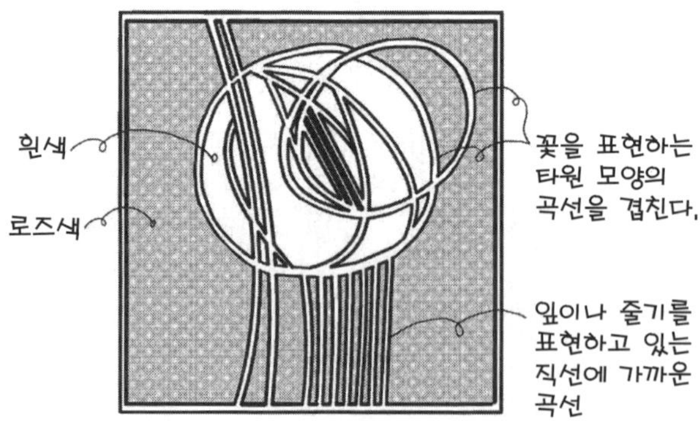

- 위 그림은 글래스고우 미술학교(1090년) 회의실에 있는 가구 장식의 일부분이다.

Q 투시도에 그려넣는 풍경으로서 나무를 디자인하여 그린 것이 있습니까?

A 매킨토시가 그린 투시도의 나무는 선을 겹쳐서 원 모양, 타원 모양 등으로 디자인되어 있습니다.

◐ 아래 그림은 예술애호가를 위한 집(설계안, 1902년)의 외관 투시도에서 발췌한 것이다. 장미 모양과 비슷한 패턴으로 그려져 있다.

• 투시도에 그려넣는 풍경이나 사람은 디자인 본래의 건물이나 실내디자인과 다르기 때문에 적당히 비슷하게 그리거나 사진을 오려 붙이는 경우가 많다.

R047

Q 매킨토시가 곡선적 양식에 모티브로 사용한 것으로 장미 이외에 무엇이 있습니까?

A 버드나무, 여성의 머리카락, 드레스 등을 모티브로 하였습니다.

◐ 아래 그림은 예술애호가를 위한 집(설계안)의 음악실 내부 투시도의 일부분이다. 여성의 긴 머리카락이 장식으로서 벽에 그려져 있다.

- 식물의 곡선적 줄기나 담쟁이덩굴, 여성의 긴 머리카락 등의 곡선은 아르누보나 세제션의 작가들이 디자인 모티브로 자주 사용하였다.
- 독일 중부 다름슈타트에 예술가촌이 1899년부터 건설되었으며, 전람회 등이 열렸다. 『차이토슈리흐트 페어 인넨데코라치온』이라는 잡지가 주최한 아이디어 공모전의 예술애호가의 집이다. 매킨토시는 영국보다 대륙의 예술가들에게 더 영향을 주었다.

Q 거울에 장식을 넣는 것이 있습니까?

A 윌로우 티 룸(1903년)의 벽면 거울에 장식이 있습니다.

◐ 장식에 들어간 납틀의 거울이 병렬로 뻗어 나가고 있다.

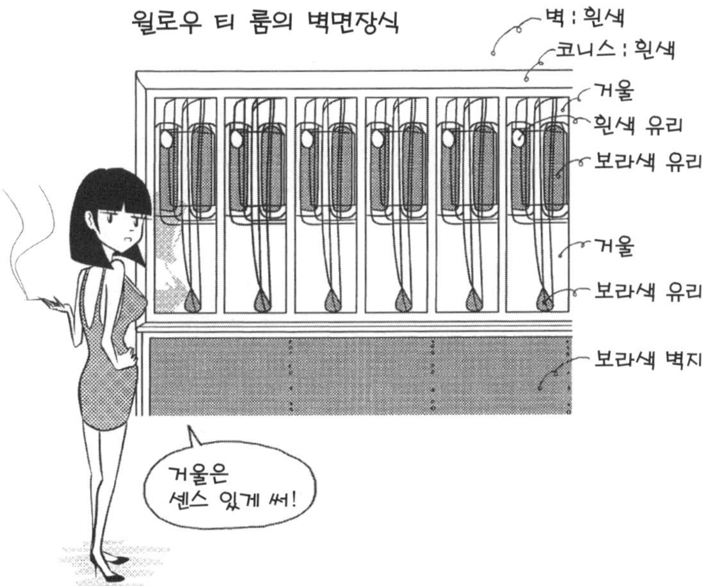

- 벽면에는 거울이 붙어 있으며 창측에는 스탠드 글라스가 붙어 있다.
- 거울의 반사로 인해 공간이 넓어 보이며, 장식도 많아 보이므로 거울을 적극적으로 활용하는 실내디자인이 고대부터 자주 나타났다. 베르사유 궁전의 거울방(1682년, 파리), 아마리엔 부르크궁의 거울방(1739년, 뮌헨, R011 참조) 등이 있다.

Q 매킨토시의 디자인에서 모자이크 타일을 사용한 것이 있습니까?

A 힐 하우스의 난로 등에서 사용되고 있습니다.

◐ 바닥이나 벽 등에 모자이크 타일로 그림이나 장식을 만드는 것은 고대부터 시행되어 왔다. 매킨토시는 난로 옆의 벽에 심플하고 추상적인 디자인을 하였다.

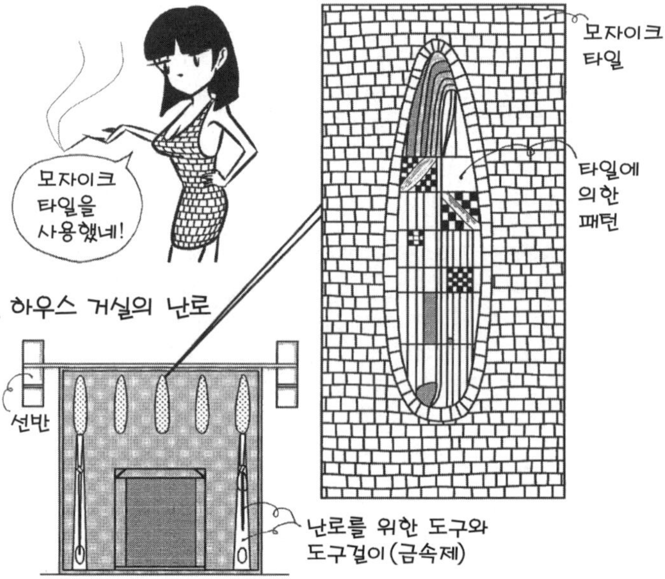

• 50mm×50mm 정도 이하의 것을 모자이크 타일이라고 하지만 보통은 25mm×25mm~30mm×30mm 정도의 것을 모자이크 타일이라고 한다(R165 참조). 현재에는 종이에 많은 모자이크 타일을 사전에 붙이고 그것을 벽에 붙인 후 물을 묻혀서 종이를 떼어내는 방법으로 붙이는 수고를 덜고 있다. 위 그림의 모자이크 타일은 크기가 불균등한 작은 타일을 한 장 한 장 붙인 것이다. 직선적이지 않은 이음새가 멋있다.

Q 매킨토시의 정방형을 사용한 모양에는 어떤 것이 있습니까?

A 아래 그림과 같이 복수의 조합으로 만드는 경우가 많습니다.

◐ 정방형을 사용할 때는 2개, 3개, 4개, 9개와 복수의 수를 나열하여 사용하는 경우가 많다. 벽의 그림, 타일의 패턴, 도어의 패턴, 가구의 음각 등 많은 장소에서 볼 수 있다.

힐 하우스의 정방형 패턴

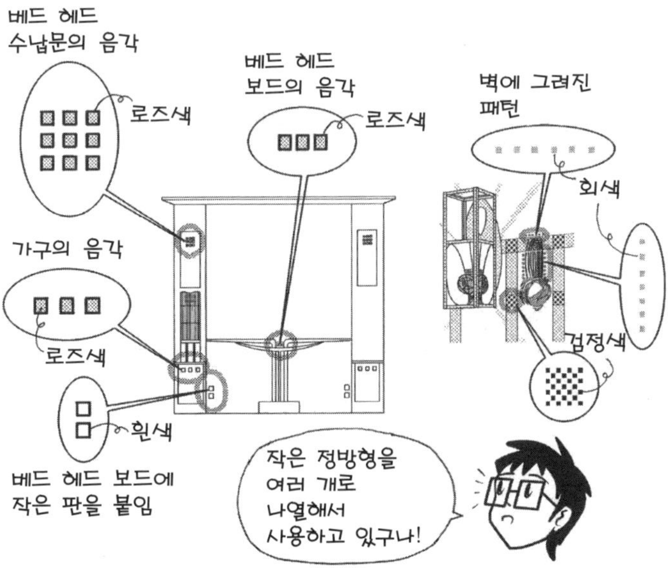

- 정방형의 패턴은 장미나 식물, 여성의 머리카락이라는 구상적 모티브와 달라서 현대에서도 간단하게 응용할 수 있다. 실제 도어에 여러 개의 정방형 유리를 넣거나 작은 정방형 타일을 네 개 붙인 패턴을 만들거나, 정방형의 문을 네 개씩 조합하여 붙이는 디자인은 지금의 건축이나 실내디자인에서도 자주 실행되고 있다.

Q 매킨토시의 디자인 중에 정방형 그리드(격자)를 사용한 장식이 있습니까?

A 가구, 벽, 도어, 창 등 많은 곳에서 사용하고 있습니다.

◐ 정방형 그리드, 장방형 그리드는 건축 전반에 걸쳐 자주 사용되고 있지만, 매킨토시는 상세한 선의 정방형 그리드를 자주 사용하였다.

• 위 그림의 정방형 그리드에서는 종횡의 선을 잡아 늘리고, 세로로 길게, 가로로 길게 하여 정방형과의 대비를 강조하고 있다.

Q 매킨토시의 디자인에서 정방형 그리드(격자)를 곡면에 사용한 것이 있습니까?

A 윌로우 티 룸(1903년) 의자(윌로우 체어)의 원호 모양에는 상세한 정방형 그리드가 사용되었습니다.

◐ 원호 모양에 격자를 이루고 있으며 아래로 가면 세로격자만 남게 되고, 뒤쪽에서 보면 세로격자에 앉기 위한 상판이 달라 붙어 있는 형태이다.

• 윌로우 티 룸은 프런트 살롱과 백 살롱으로 나누어져 있고, 분위기가 서로 다른 실내디자인이다. 이 원호 모양의 등을 가진 상징적 형태의 의자는 두 개의 살롱 중간에 위치하고 있다. 윌로우 티 룸은 글래스고우 미술학교에 가까운 곳에 실제로 티 룸으로 운영되고 있다. 글래스고우에 가게 된다면 꼭 들러보기 바란다.

R053

Q 매킨토시의 디자인에서 스트라이프(stripe : 선) 모양을 벽이나 천장에 넣은 경우가 있습니까?

A 매킨토시에 의한 단게트 거리 78번 게스트 룸(1919년)은 벽, 천장, 베드 커버에 짙은 감색의 스트라이프가 이용되고 있습니다.

◐ 자세히 보면 검은 스트라이프도 부분적으로 이용되고 있다. 스트라이프는 스텐실이 아닌 인쇄된 벽지에 의한 것이다.

단게트 거리 78번의 게스트 룸

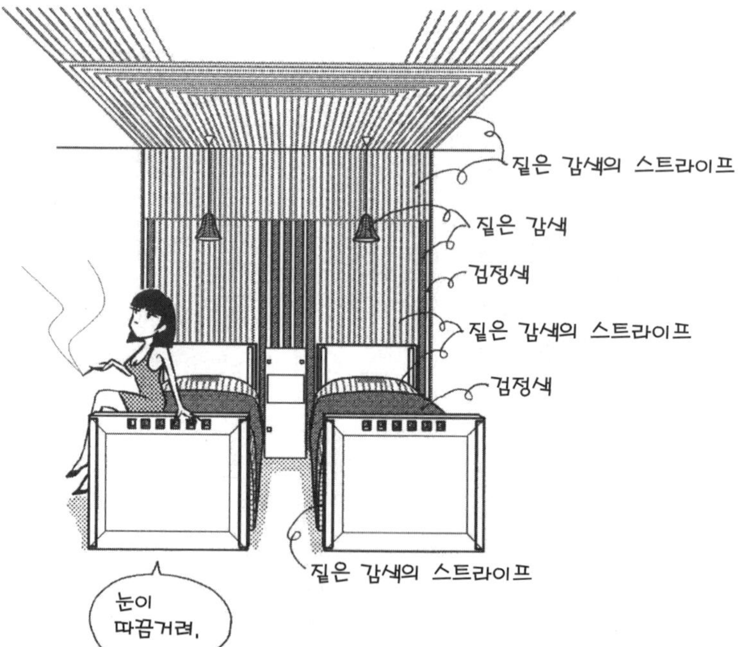

실내디자인 기초

Q 매킨토시의 디자인에서 계단의 손잡이를 세로격자로 한 것이 있습니까?

A 힐 하우스 입구 홀에서 계단을 가로로 폭이 있는 재료를 세로격자로 사용하고 있습니다.

◐ 힐 하우스 입구에서 4단을 오르고 되돌아서 4단을 더 오른 곳의 천장까지 큰 세로격자가 붙여져 있다.

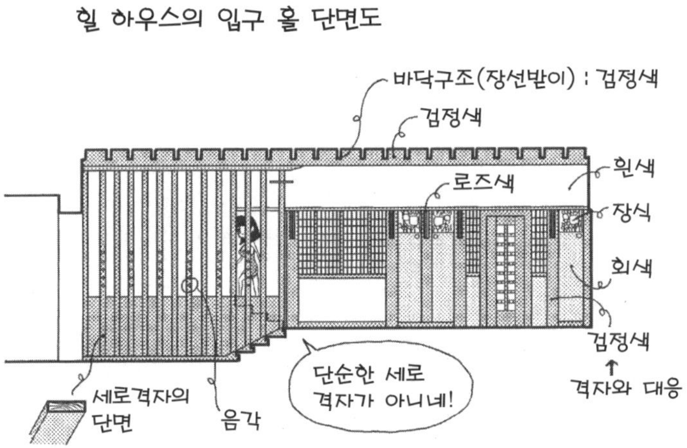

● 계단의 세로격자는 너무 당연한지 모르지만 힐 하우스의 격자에는 여러 가지 디자인이 있다. 막대기보다는 인방에 가까운 단면으로 표면에는 장식적인 음각이 쓰이고 있다. 검게 칠해져 있어 주변의 벽의 장식적인 검은 판과 연관되어 있다.

Q 매킨토시의 디자인에서 격자의 각을 부분적으로 새긴 것이 있습니까?

A 매킨토시의 글래스고우 미술학교(1909년) 도서실의 훤히 트인 곳에 설치된 격자에 쓰이고 있습니다.

◐ 기둥의 모서리를 따는 것을 모접기라고 하는데 이런 장식적인 모접기는 근대에 보기 드문 예이다. 모접기된 면의 부분에는 빨강, 파랑, 노랑의 원색이 칠해져 있다.

- 위 그림과 같은 모접기는 잉글랜드 전통적인 방법으로 왜건 챔퍼라고 한다. 왜건(wagon)이란 짐마차, 챔퍼(chamfer)란 모접기로 짐마차 등에 사용되고 있다.
- 글래스고우 미술학교의 도서실은 나무의 선(線) 재료를 조합한 프레임을 노출하고 거기에 여러 가지 장식적 세부가 더해져 선이 많은 풍요한 공간이 만들어지고 있다.

Q 매킨토시에 의한 철격자는 어떤 디자인적 발상이 있습니까?

A 꽃이나 풀을 연상하게 하는 조형이 부분적으로 붙여져 있습니다.

◐ 글래스고우 미술학교 정면의 철격자, 큰 유리면에서 꺼낸 브래킷 등은 매킨토시 특유의 디자인이다. 창의 브래킷은 창을 지탱하고 더욱이 창 청소시 발판으로도 된다는 설명도 있다.

- 식물 모양을 전체적으로 넣은 철격자는 많은데, 매킨토시의 디자인에서는 부분적인 악센트로 넣고 있다.
- 카를로 스카르파(Carlo Scarpa, 1906~1978년) 의 작품에 보여지는 격자나 손잡이도 철의 사용법이 능숙하다.

R057

Q 매킨토시 디자인에서 돌출창에 소파를 붙박이로 만든 것이 있습니까?

A 힐 하우스 거실의 돌출창에 있습니다.

◐ 큰 돌출창 부분은 알코브 형태에 凹의 공간에는 창으로부터 빛이 넘치기 때문에 소파를 설치하면 차분한 마음이 드는 좋은 장소가 된다.

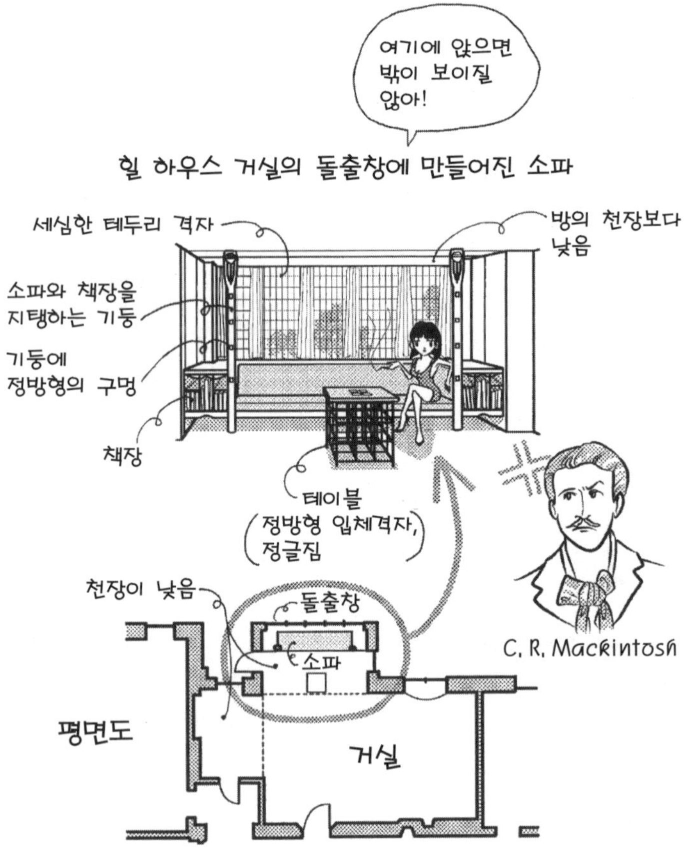

• 난로 옆의 돌출창은 소파를 붙박이로 만들 수 있는 최상의 장소이다.

Q 벽, 천장을 새까맣게 칠한 예가 있습니까?

A 힐 하우스 거실에서는 코니스에서 위의 벽과 천장이 검게 칠해져 있습니다.

◐ 하얀 벽에 연보라색과 연녹색의 장식, 그 위의 벽과 천장을 검정으로 하여 뚜렷한 콘트라스트의 실내디자인이 되어 있다.

- 그림은 새까맣게 칠한 것이다. 건축에서 이렇게 할 때는 큰 용기가 필요하다. 성공하면 디자인 효과는 크다. 힐 하우스 건축 당시의 사진에서는 코니스 윗부분이 하얗게 칠해져 있었다.
- 벽의 상부에 수평으로 띠를 두른 것은 일본건축의 보(기둥과 기둥 사이에 수평으로 댄 나무)를 닮았다. 보 아래에 개구 상부를 맞추는 것도 똑같다.

Q 작은 조명기구를 여러 개 매단 형식의 조명기구가 있습니까?

A 매킨토시가 좋아하는 디자인 수법입니다.

◐ 글래스고우 미술학교의 도서실에서는 작은 조명기구를 여러 개 천장에 매닮으로써 화려한 인상을 연출한다.

*플레이아데스(pleiades) : 그리스신화에 나오는 아틀라스와 플레이오네의 일곱 딸. 성단을 뜻함.

- 샹들리에는 한 개의 등에 많은 초나 전구를 매달아 화려하게 하지만, 작은 조명을 여러 개 매다는 방법도 화려한 인상을 줄 수 있다. 현대에도 작은 펜던트 조명이나 다운 라이트를 여러 개 조합하여 다는 것은 유용한 디자인 방법이다.

R060

Q 매킨토시는 어떤 시계를 디자인했습니까?

A 정방형을 기조로 한 디자인의 시계를 남겼습니다.

◐ 아래 그림은 슈트로크가의 난로용 시계(1917년)이다. 숫자를 정방형에 뚫린 구멍의 수로 표시, 각 정방형에서 나선형에 선이 그어져 있다.

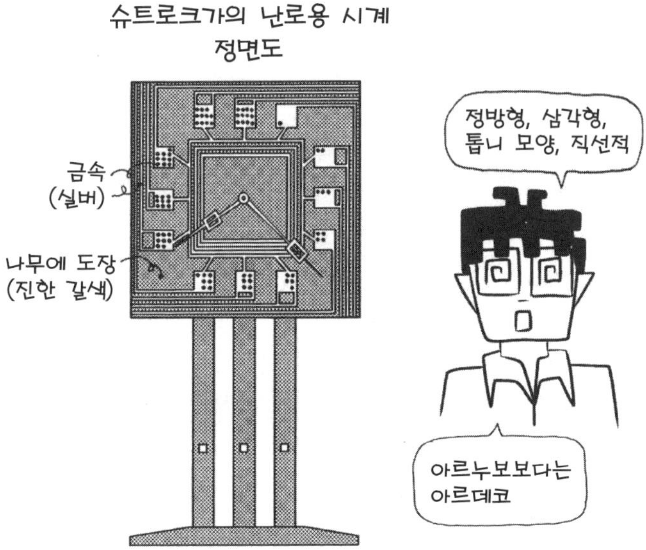

• 시계 디자인은 기능적인 면에 대한 요청이 있어 아르누보적인 곡선보다도 1920년대에 발전한 아르데코(R061 참조)적인 정방형이나 삼각형을 사용한 디자인이 많다. 시대에 앞선 디자인이라고 할 수 있다.

Q 아르누보와 아르데코의 디자인적 차이점은 무엇입니까?

A 곡선적인지 직선적인지의 차이입니다.

◐ 아르누보는 곡선적이고, 아르데코는 직선적이다.

- 아르누보(Art Nouveau)란 단어는 파리의 미술상 사뮤엘 빙의 가게 이름에서 딴 것으로 이를 직역하면 '신예술'이다. 반면 아르데코(Art Deco)는 1925년에 개최된 파리 장식미술 만국박람회(Exposition Internationale des Art Decoratifs et Industriels modernes)에 기원하고 있으며 직역하면 '장식예술'이다. 아르누보는 넓게 안토니오 가우디까지 포함하는 경우도 있다.
- 아르데코는 1925년의 박람회에서 유행했기 때문에 1925년 양식이라고도 한다. 또 1차 세계대전에서 제2차 세계대전 사이에 유행했기 때문에 대전 간의 양식이라고도 한다.
- 아르데코의 곡선은 아르누보와 같이 길고 구불구불한 것이 계속되는 자유직선적이지 않고 컴퍼스로 그린 것처럼 짧은 기하학적 곡선이다. 짧은 원호를 조합하여 장식을 만든다. 담쟁이덩굴과 같이 자연적인 것이 아니라 기계의 이미지에 가까운 것이다.

Q 아르누보란 무엇입니까?

A 19세기 말부터 20세기 초 유럽에서 일어난 식물을 모티브로 하여 곡선을 다양화한 신디자인입니다.

◐ 빅토르 오르타(Victor Horta, 1861~1947년)에 의한 브뤼셀 자택(1901년)은 철의 플랫바(평강)를 담쟁이덩굴과 같이 구부려 손잡이 등의 장식을 만들고 있다.

오르타 자택의 내부

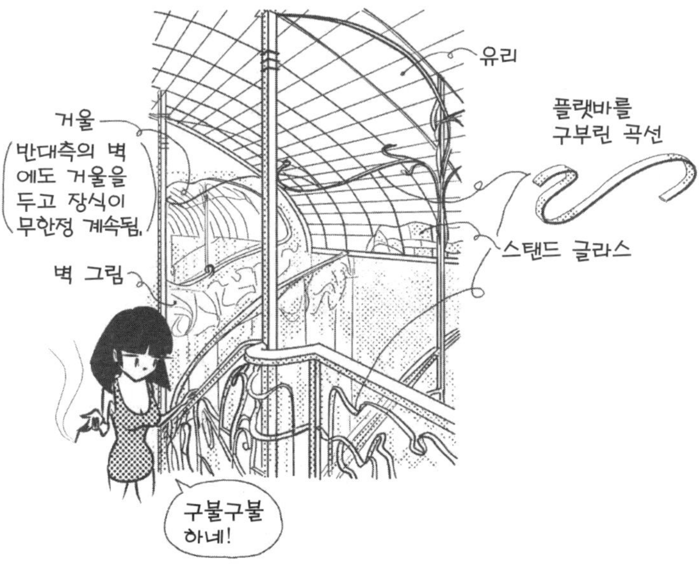

- 아르누보(Art Nouveau)는 프랑스어로 '새로운 예술'을 의미한다. 건축, 실내디자인, 공예품 등 많은 갈림길에 걸쳐 철, 유리를 이용한 것이 많다. 제 1차 세계대전 이후, 아르데코가 유행하고 나서 아르누보는 한풀 수그러졌다.
- 오르타의 자택은 현재 오르타 박물관으로서 내부 견학이 가능하고, 위 그림의 계단실은 꼭 가볼만한 곳이다.

Q 아르누보의 철로 된 격자문에는 어떤 디자인이 있습니까?

A 아래 그림의 카스텔 베랑제(1898년)의 문이 유명합니다.

◐ 오르타에 심취한 헥토르 기마르(Hector Guimard, 1867~1942년)는 이 문 한 개로 세계적으로 유명해졌다.

카스텔 베랑제 입구의 철격자문

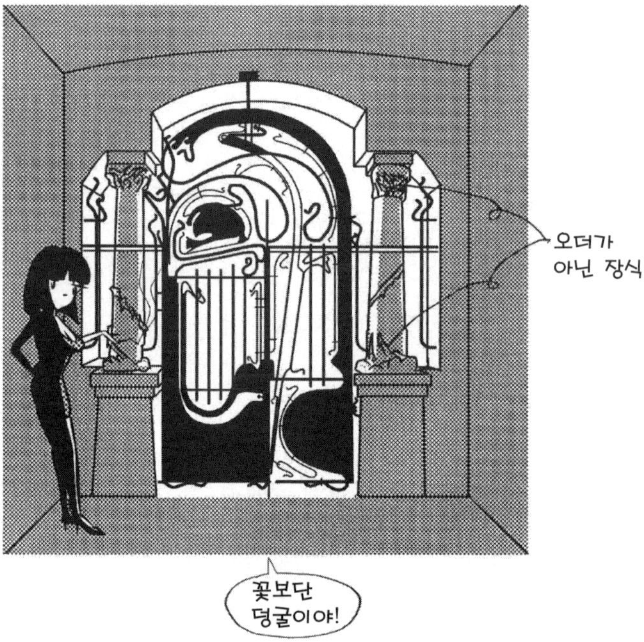

- 가늘고 길게 계속되는 덩굴 같은 곡선으로 되어 있으며, 가우디의 곡선과는 다른 느낌이다. 동굴이나 바다, 꽃이나 잎이 아닌 줄기 및 덩굴이 주요 모티브가 되었다.
- 철의 구부림, 절단, 주조 등에 의해 식물적인 곡선, 곡면을 만들고 있다. 파리에는 여러 곳의 지하철 입구에 기마르의 작품을 볼 수가 있다. 다만, 그것은 대량생산이 가능한 주조기술에 의한 것이다.

Q 유리공예품에서 아르누보의 대표적인 것은 어떤 것입니까?

A 에밀 갈레(C. M. Emile Galle)의 유리등입니다.

◐ 색채와 장식과 凹凸이 있는 유리로 만들어진 항아리, 램프등이 유명하다.

• 에밀 갈레(Charles Martin Emile Galle, 1846~1904년)는 1889년 파리 만국박람회에서 금상을 수상하면서 세계적으로 이름을 알렸다. 또 프랑스 동부 낭시에서 1901년 건축가, 화가, 공예가를 모아 낭시파를 일으켰나. 건축에서 실내디자인, 가구, 공예품까지 모든 것을 생각한 집단이다. 지금도 낭시거리를 걷는 것만으로도 아르누보를 느낄 수 있고, 낭시는 파리 이상으로 아르누보의 색이 강한 거리이다.

Q 크라이슬러 빌딩(1930년)의 양식은 무엇입니까?

A 전반적으로 아르데코로 불립니다.

◐ 윌리엄 밴 알렌(William Van Allen, 1883~1954년)에 의한 아치를 계단 모양으로 겹쳐 쌓은 정부(頂部 : 꼭대기 부분)의 디자인이 독창적이다. 아치 안에 들어 있는 삼각형이 밤이 되면 조명으로 뚜렷이 나타난다.

- 1920~30년대 아메리카 경제 발전과 함께 뉴욕, 맨해튼에 초고층빌딩이 많이 세워졌다. 경사면 제한 등에 의한 법적 규제도 있어서 외형이 계단 모양이 되어 있으며, 정부(頂部)도 계단식으로 디자인된 것을 많이 볼 수 있다. 뉴욕 아르데코로 불리는 디자인이다. 1929년에 맨해튼에서 불황이 시작되어 빌딩 건설 붐이 끝났다.

Q 천장에 톱니 모양의 모티브를 사용한 것이 있습니까?

A 로버트 애트킨슨(Robert Atkinson, 1883~1952년)의 실내디자인에 의한 데일리 익스프레스 본사 빌딩(1932년, 런던)의 로비 홀에는 톱니 모양 형태로 되어 있는데 천장을 톱니 모양으로 파고 그 안쪽에 간접조명을 설치하고 있습니다.

◐ 실버나 골드의 금속색을 사용하고 날카로운 지그재그의 직각이나 예각을 많이 표현한 디자인이다.

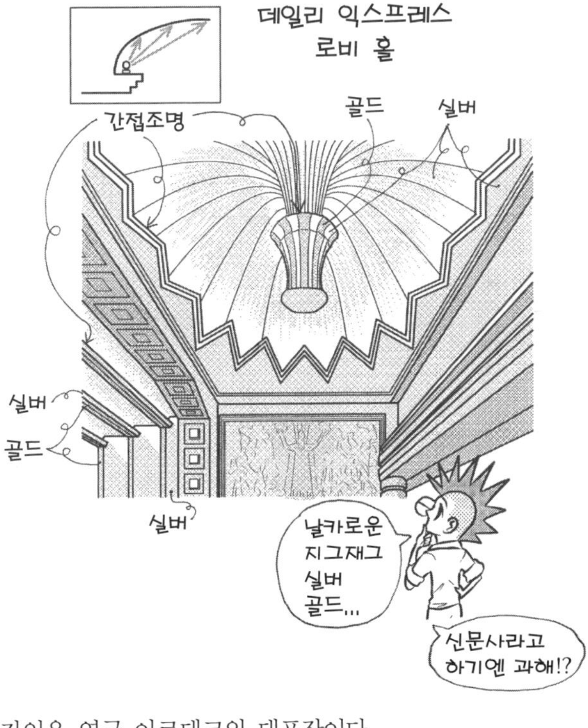

• 이 실내디자인은 영국 아르데코의 대표작이다.
일본에는 동경의 미나토구 시로가네다이에 있는 동경 정원미술관(1933년, 구 아사카노미야 저택, 궁내성 타쿠미료 공무과 설계)이 아르데코 디자인으로 유명하다. 내부에 들어가서 장식적인 세부를 볼 수 있다.

Q 벽 전체를 유리블록으로 만든 것이 있습니까?

A 피에르 샤로(Pierre Chareau, 1883~1950년)의 달사스 저택(1932년, 파리)에서 훤히 트인 곳의 한쪽 벽 전체를 유리블록으로 만들고 있었습니다.

◐ 현대에는 당연해 보이는 유리블록 벽이지만, 당시로서는 획기적이었다.

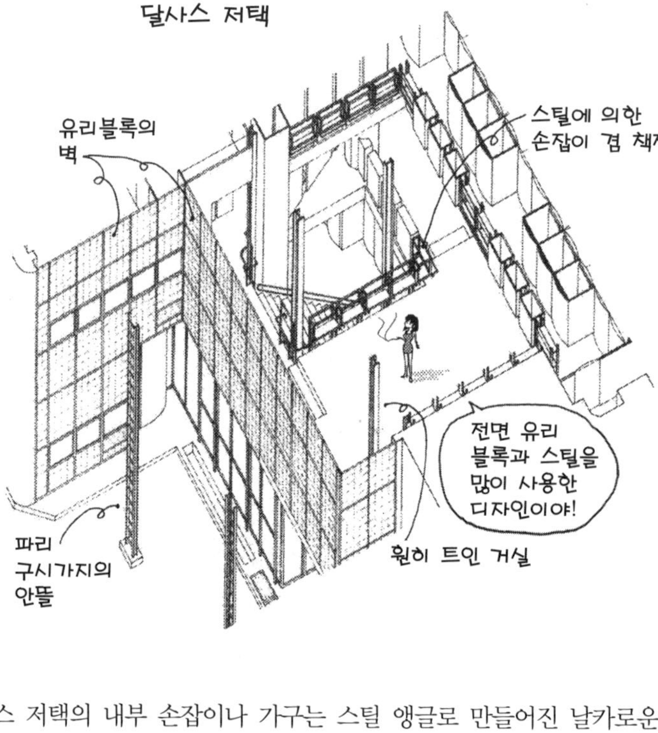

- 달사스 저택의 내부 손잡이나 가구는 스틸 앵글로 만들어진 날카로운 인상의 저택이다. 의사의 집으로 훤히 트인 곳 안에 진찰실 등이 있다.
- '유리의 집' 혹은 '메종 드 베르(Masion de Verre)'라고도 불리는 달사스 저택은 파리의 구시가지로 안뜰에 들어가서 세워져 있다. 필자는 학생 때 방문했었지만, 구시가지의 길에 접하지 않고 안뜰에 접해 있어서인지 주위와 어우러져 과격한 디자인으로 보이지 않았다.

R068

Q 유리블록을 바닥에 사용한 것이 있습니까?

A 빈 우체저금국 바닥에 유리블록을 사용하고 있어 탑 라이트의 빛을 아래층으로 이끌고 있습니다.

◐ 오토 바그너(Otto Wagner, 1841~1918년)에 위한 빈 우체저금국(1912년)의 중앙 출납홀에는 바닥에 유리블록이 전면적으로 사용되었다.

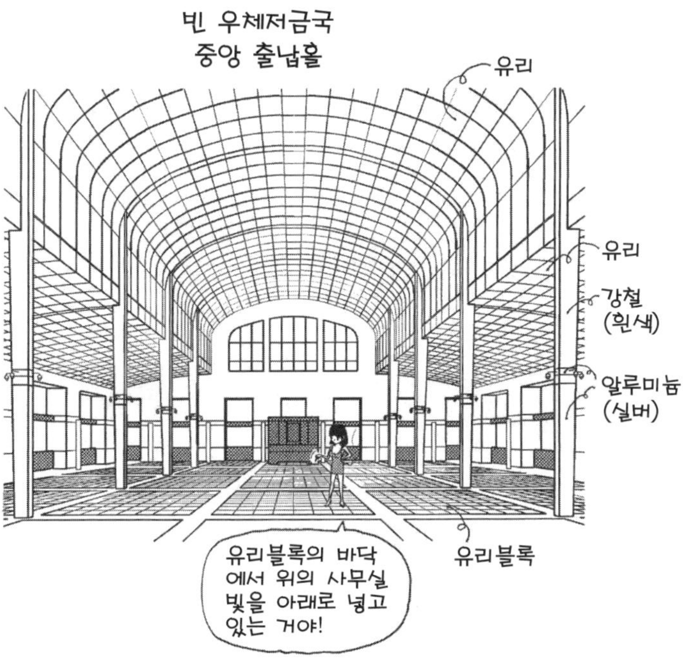

• 난방효율을 높이기 위해 유리의 지붕 아래에 부드러운 커브의 유리천장이 만들어져 있다. 홀에 들어선 순간 공간 전체의 밝기에 놀라고, 천장에도 유리, 바닥에도 유리, 유리에 둘러싸인 공간이다. 건물 전체로 보면 안뜰에 유리지붕이 걸려 있는 것 같은 형태로 그 유리지붕 아래에 보울트 형태의 유리천장을 매달고 있다.

Q 공기조절의 송풍이 바닥에서 이루어지는 것이 있습니까?

A 빈 우체저금국의 중앙 출납홀에는 원통형의 공기조절 송풍기가 바닥에 세워져 있습니다.

◐ 온풍을 내보내는 알루미늄관으로 송풍 부분에 팬이 많이 달려 있으며, 관의 부분에는 링이 붙여져 있다. 공기조절 송풍이라는 기능적인 부분과 오더와 같은 장식적인 효과를 내고 있다.

• 빈 우체저금국은 1903년의 설계공모전에서 바그너의 안으로 결정되었지만, 실제 설계단계에서는 파사드의 과격함이 완화되었으나 중앙 출납홀의 참신한 디자인은 그대로 남았다.

Q 볼트, 리벳(rivet)의 머리를 그대로 노출한 디자인이 있습니까?

A 빈 우체저금국은 외부나 내부의 돌을 고정시키는 볼트와 내부의 철골을 고정시키는 리벳 머리를 노출하여 보여주고 있습니다.

◐ 빈 우체저금국에는 석판을 고정시키는 알루미늄 볼트 머리가 띄엄띄엄 늘어서 돌의 표면에 나와 있다. 또 중앙 출납홀 기둥에 철이나 알루미늄의 리벳이 같은 간격으로 늘어서 있다.

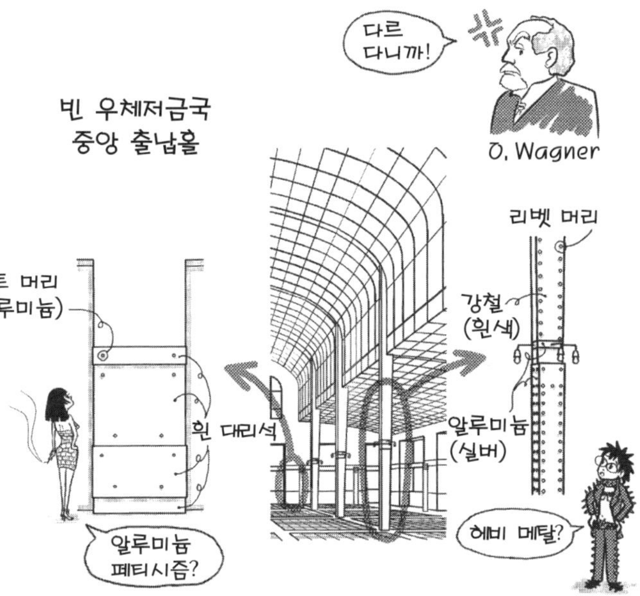

- 돌은 모르타르로 접착하거나 철물로 걸어 벽에 붙이지만, 밖에는 이음새만 보여주는 것이 기본이다. 볼트를 마무리인 걸 표면에 노출하는 것은 석조 중심의 유럽에서는 이단의 부류에 속한다.
- 바그너는 화가 클림트 등과 1897년 과거의 역사와 단절하는 의미의 세제션(Sezession, 분리파)이라는 그룹을 결성, 디자인운동을 전개하고, 양식적인 세부를 부정하고 근대적 세부로 말할 수 있는 장식이 출현하였다. 현대에서 보면 그런 새로운 장식쪽으로 관심이 쏠리고, 실버나 골드 등의 금속 광택색을 좋아하는 경향이 있다.

Q 근대 실내디자인에서 바닥이나 벽에 검은 장식적 패턴을 넣은 것이 있습니까?

A 빈 우체저금국의 바닥, 벽에 아래 그림과 같은 패턴이 들어가 있습니다.

◐ 바닥에 흰빛을 띠는 돌의 중앙에 검을 돌을 넣고, 벽은 하얗게 칠한 벽의 안을 검게 칠함으로써 장식적 패턴을 만들었다. 벽의 선을 가까이서 보면, 한 줄의 선이 아닌 두 줄의 점선 모양 패턴으로 되어 있다.

- 바닥에 돌이나 타일로 패턴을 만드는 일은 고대 때부터 행해져 왔다. 근대에는 추상적이고 단순한 패턴으로 여겨지는 경향이 있다. 바그너의 장식에는 식물 등의 구체적인 것에서부터 추상적인 패턴까지 폭넓게 포함되어 있다. 추상적 패턴은 현대 실내디자인에도 충분히 응용 가능하다.

Q 벽에 장식적인 패턴을 넣는 것이 바그너의 작품 이외에 있습니까?

A 발터 그로피우스(Walter Gropius, 1883~1969년)에 의한 파구스 신발공장(1911년)의 현관 로비에 검은 패턴의 장식으로 쓰이고 있습니다.

◐ 흰 벽에 검은 패턴이 들어가 있으며, 중앙의 석반에는 금색 문자가 새겨져 있다. 벽 윗부분의 패턴은 오더의 엔태블러처 같은 느낌을 준다.

• 그로피우스는 근대예술운동의 본산이라고도 할 수 있는 바우하우스의 창설자이자, 건축가로서의 실천자이기도 하다. 그로피우스와 아돌프 마이어(Adolf Meyer, 1881~1929년)에 의한 유리로 지어진 파구스 신발공장은 초기 근대건축의 걸작이다. 당시의 실내디자인에서 이러한 장식적 면이 다루어진 것은 지금에서 보면 매우 흥미로운 것이다.

Q 바둑판 문양이 근대 실내디자인에 있습니까?

A 아돌프 루스(Adolf Loos, 1870~1933년)의 실내디자인에 많은 실례가 있습니다.

◐ 루스에 의한 카르마 저택(1904년, 스위스) 입구의 타원형 홀에는 흑백의 돌로 타원 형태의 바둑판 문양이 만들어져 있다.

- 체커는 체스보드의 검은 모눈 만을 사용하는 게임이다. 체스보드는 정방형의 흑백이 서로 다르게 배치된 바둑판 문양이다. 체커 모양은 장식이라고 해도 추상적인 패턴이기 때문에 근대 실내디자인에서도 사용하기 쉬웠던 것 같다.
- 카르마 저택은 기존의 저택을 리폼한 것이다. 루스는 바둑판 문양을 아메리칸 바에서도 사용하고 있다.

Q 주형, 빔에 거울을 사용하여 장식한 디자인이 있습니까?

A 루스에 의한 아메리칸 바(1907년, 빈)의 벽 상부에는 거울이 설치되어 입체격자가 퍼져 보이게 디자인되어 있습니다.

◐ 거울을 설치함으로써 겉면에 모양이 있는 거무스름한 돌을 사용한 주형, 빔이 무한히 증식되는 느낌이다. 실제 주형의 두 배 두께로 보인다.

아메리칸 바

- 루스는 "장식을 죄악이다"(1908년)라는 유명한 명언을 남겼으며, 빈 분리파의 장식을 공격했지만, 그 작품에는 의외로 장식적인 부분이 많다. 빈은 바그너나 루스, 한스 홀라인 등의 실내디자인을 보기에는 충분한 거리이다.
- 거울을 이용해 장식을 많이 보여주고 공간을 넓게 보여주는 방법은 아마리엔부르크궁의 거울 방(R011 참조)이나 오타르 저택 등 많은 작품에서 행해지고 있다.

Q 피에트 몬드리안(Piet Mondrian, 1872~1944년)의 회화와 같은 수평·수직의 선, 면, 입체를 구성하고 원색을 배합한 것 같은 의자가 있습니까?

A 게리트 토머스 리트벨트(Gerrit Thomas Rietvelt, 1888~1964년)의 빨강 & 파랑 의자(red & blue chair, 1921년)가 유명합니다.

◐ 이전의 건축이나 실내디자인과는 확연히 다른 강한 추상성이 있다.

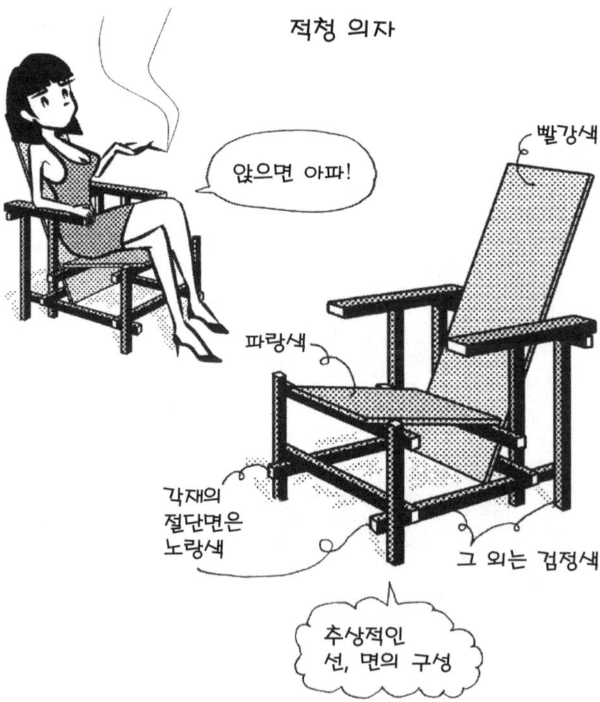

• 몬드리안, 리트벨트에서 일어난 예술운동이 데 스틸(De Stijl)이다. 데 스틸이란 네덜란드에서 창간된 잡지명으로 네덜란드어로 '양식(영어의 style)'을 의미하는데, 그 잡지를 중심으로 한 예술운동 전체를 가리키게 되었다.

Q 빨강 & 파랑 의자와 같은 건축, 실내디자인이 있습니까?

A 리트벨트에 의한 슈뢰더 주택(1924년, 네덜란드)이 추상적인 면, 선에 의한 구성으로 만들어져 있습니다.

◐ 벽, 천장, 바닥, 손잡이, 테이블의 선반, 의자의 좌면 등을 추상적인 면 · 선으로 분해하여 조합하였다.

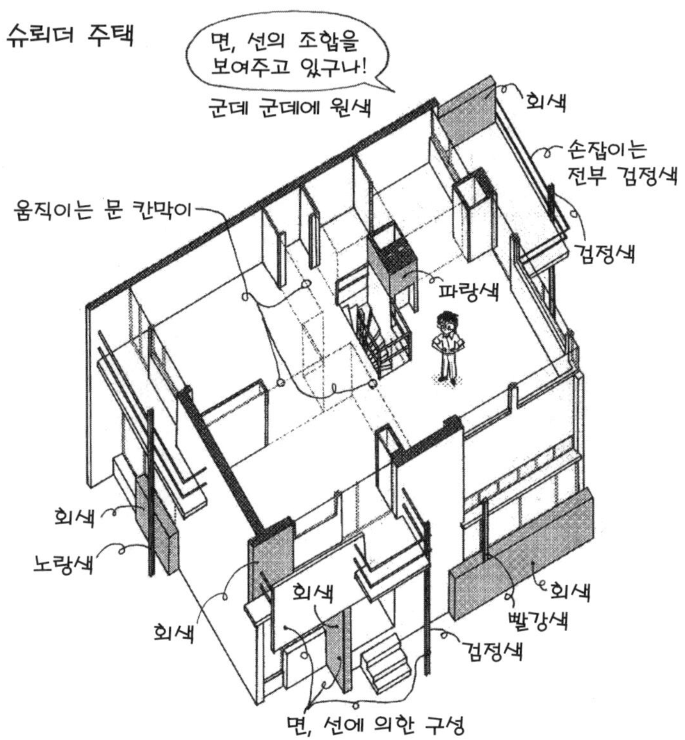

• 건축, 실내디자인의 경우 구조적 · 기능적 제약이 가구보다 많아 추상적인 구성으로 하기에는 강제성이 필요하고, 슈뢰더 주택은 벽돌을 기본으로 하면서 철이나 나무를 사용하는 것으로 빨강 & 파랑 의자의 컨셉을 표현하고 있다.

R077 리트벨트－3

Q 바닥이나 벽을 다른 색깔로 나눠서 칠한 것이 있습니까?

A 슈뢰더 주택의 바닥은 작은 면적임에도 빨강, 파랑, 회색 등으로 나눠져 칠해져 있습니다.

◐ 빨강 & 파랑 의자의 컨셉이 바닥이나 벽, 가구의 테두리에도 고루 표현되고 있다.

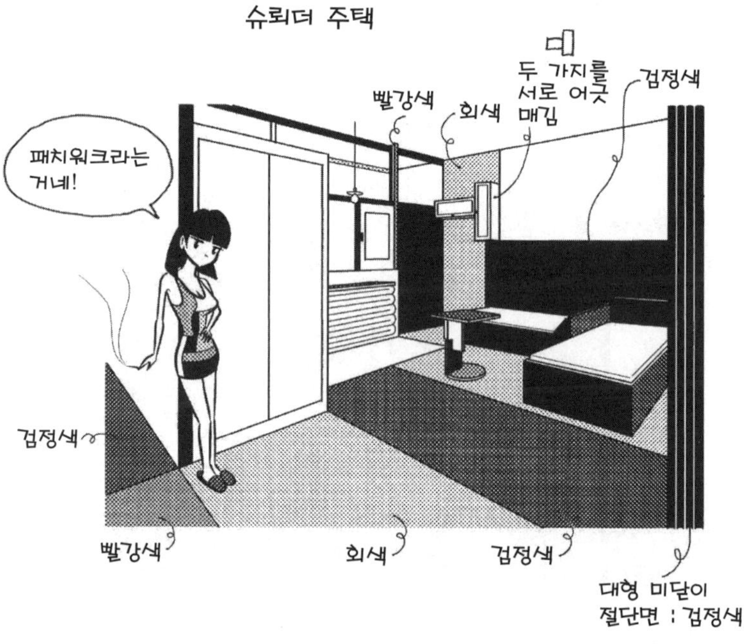

Q 가구에서 면마다 색을 나눠서 칠한 디자인이 있습니까?

A 리트벨트의 디반 테이블(Divan table)에서 면마다 색을 나눠서 칠하고 있습니다.

◐ 선반, 지탱하는 판, 받침이 되는 판의 모든 면에서 색을 나눠 칠하고 있다.

• 리트벨트의 작품집에는 이 가구의 제작년도가 기록되어 있지 않지만, 슈뢰더 주택에 놓여 있는 테이블이기 때문에 슈뢰더 주택의 완성년도인 1924년경으로 추정하고 있다.

Q 르 코르뷔지에(Le Corbusier, 1887~1965년)는 면으로 색을 나눠 칠했습니까?

A 라 로쉬 잔느레 주택(1923년) 아틀리에의 벽과 슬로프 벽면에 나눠서 칠한 것이 보여집니다.

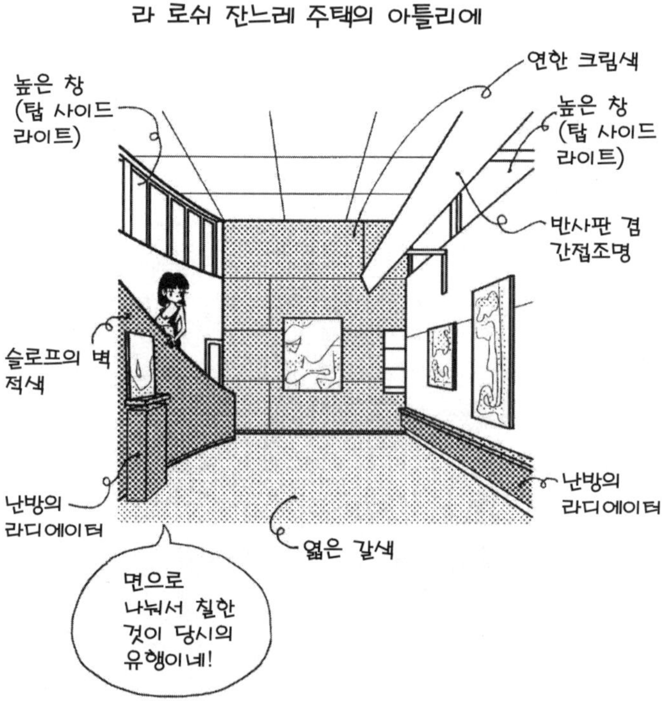

• 코르뷔지에에 의한 색을 나눠 칠하는 것은 리트벨트만큼 엄격하게 면에 대한 구성의 규칙을 적용하고 있지는 않다. 때에 따라 여러 가지 디자인 방법을 사용하고 있었던 것 같다. 따라서 코르뷔지에가 후기에 이르러 다양한 디자인을 창출해낼 수 있었던 것으로 생각된다.

Q 훤히 트인 곳에 계단이나 슬로프를 설치하는 것은 언제부터입니까?

A 비대칭의 위치에 설치하는 것은 1920년대 코르뷔지에의 작품에서 세계적으로 보급되었습니다.

◐ 라 로쉬 잔느레 주택의 아틀리에는 훤히 트이고 만곡한 측을 따라 슬로프가 만들어져 있다. 슬로프는 훤히 트인 곳에 설치된 로프트와 같이 작은방에 도달하고 그 안의 도어에서 계단실쪽으로 나갈 수 있다.

라 로쉬 잔느레 주택

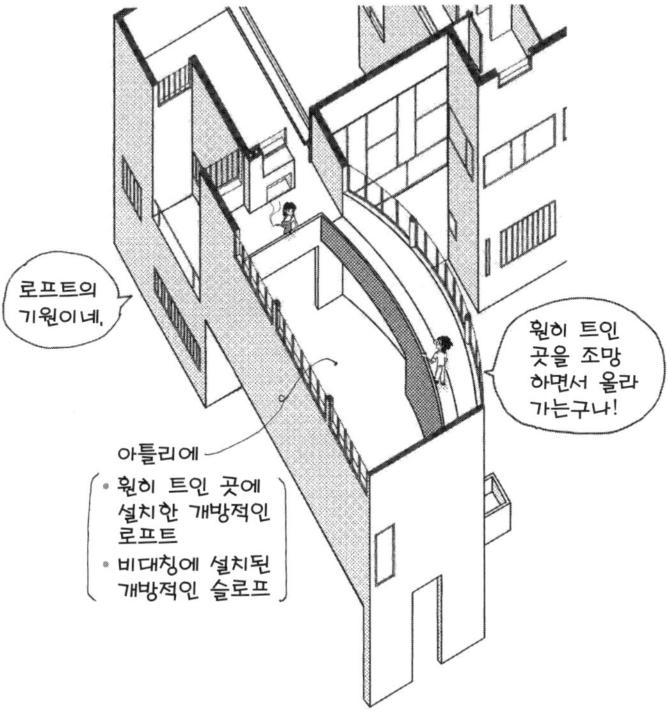

• 추상적인 선, 면, 볼륨을 조립한 공간구성으로 설치하는 것이 근대건축의 주류이다. 비용이 제한된 건축에서는 전통적 양식처럼 여러 직능인의 손에 의한 세부를 만들 수 없는 이유도 있다.

Q 건물의 안을 걸어 다닐 수 있는 「산책길」을 컨셉으로 한 건축가는 누구입니까?

A 코르뷔지에입니다.

◐ 라 로쉬 잔느레 주택에는 입구홀이나 아틀리에의 훤히 트인 곳 주변에 개방적인 계단, 슬로프와 복도 등을 배치하고 있어 회유할 수 있게 배려했다.

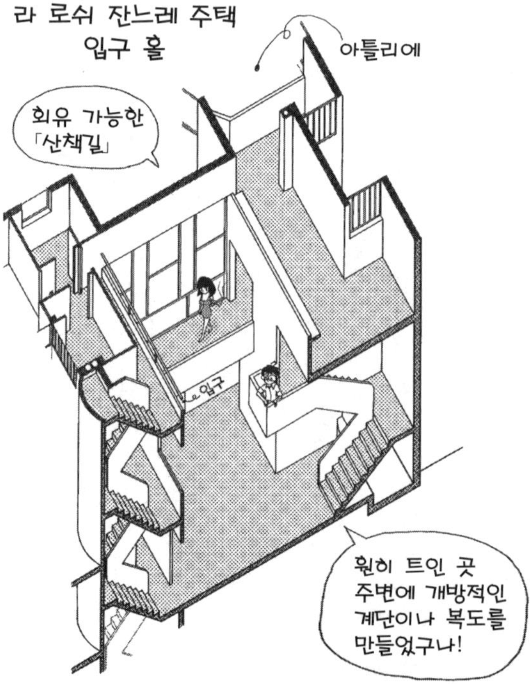

- 코르뷔지에의 설계에서는 평면적으로 빙 돌아볼 수 있는 것만이 아니라 계단이나 슬로프를 두 개 이상 배치하고 입체적으로도 회유할 수 있게 구성된 예를 많이 볼 수 있다. 이런 공간구성은 현대건축, 실내디자인에서도 많이 볼 수 있으며, 코르뷔지에의 강한 영향이 엿보인다.
- 라 로쉬 잔느레 주택은 현재는 코르뷔지에 재단이 사용하고 있어 내부 견학도 가능하며, 파리 시내의 지하철 재스민 역에서 걸어갈 수 있다.

Q 평면에 사선을 크게 사용한 디자인이 근대에 있었습니까?

A 코르뷔지에가 시도해 보고 있습니다.

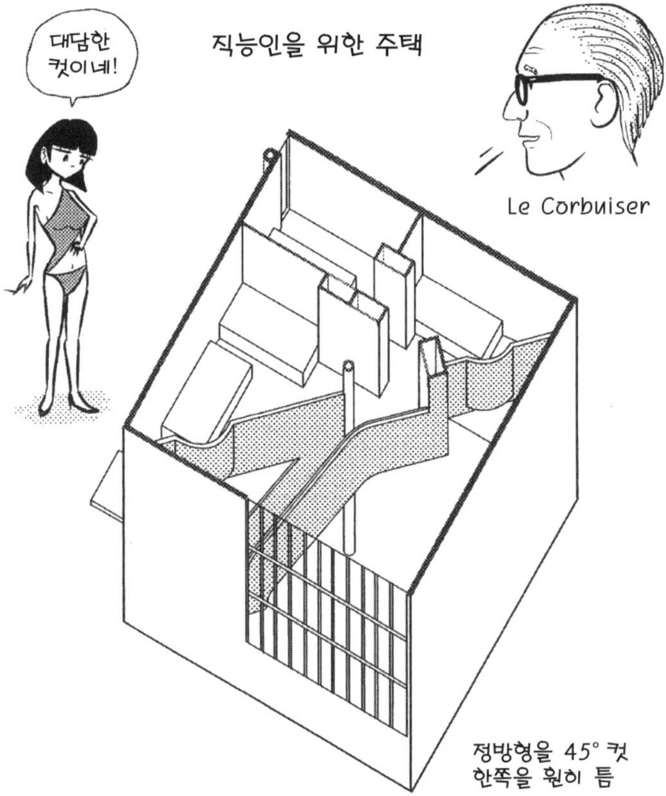

- 평면에 큰 사면을 사용한 디자인은 현대에 통용되는 것이지만 삼각형 부분을 어떻게 할지에 대한 역량이 시도되었다.
- 당시 근대운동의 작품들은 디자인의 에너지가 장식적 표현에서 공간구성으로 옮겨가는 것을 알 수 있다. 실내디자인 관점에서 흰 면을 어떻게 구성하고 있는지가 주요한 부분이다.

Q 테라스와 방이 일체가 되는 듯한 디자인적 착안은 어떤 것이 있습니까?

A 끌어당길 수 있는 대형 유리창, 테라스 벽과 그 벽에 뚫은 구멍을 방의 벽과 창에 연속시키는 것 등이 있습니다.

◐ 코르뷔지에의 사보아 주택(1929년) 2층에는 정방형의 큰 테라스(옥상정원)가 만들어져 있다. 거실과 경계인 대형 유리창은 레버를 돌리면 열 수 있다. 테라스는 벽으로 둘러싸여 있으며 거실의 수평적인 연속창과 같은 구멍이 뚫려져 있어 거실과 테라스의 연속감이 강하다.

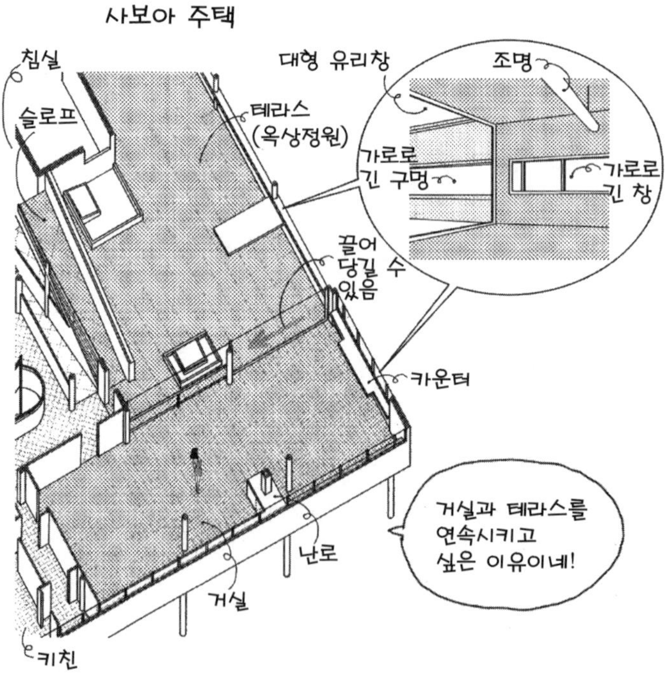

• 사보아 주택은 파리 교외의 포이시역에서 도보권 내에 있고, 깨끗이 복원되어 내부 견학도 가능하기 때문에 파리에 가면 들러보는 것이 좋다.

Q 픽처 윈도란 무엇입니까?

A 밖의 풍경을 그림과 같이 잘라내어 보여주는 창을 말합니다.

◐ 사보아 주택에서는 슬로프를 올라갈 때, 시선의 끝에 위치한 벽에 구멍을 뚫고 픽처 윈도 같은 디자인을 사용하고 있다.

• 일반적으로는 붙박이 유리창이나 대형의 미는 창 등이 가능하다. 미는 창이란 축을 중심으로 창을 외부에 밀어내는 타입의 창을 말하고, 알루미늄 봉과 같은 불필요한 것이 없는 것이 회화의 액자처럼 보이게 한다.

Q 옥상에서 일광욕을 하는 공간에는 어떤 배려가 필요합니까?

A 바람을 피하고, 프라이버시를 보호하며, 둘러싸인 느낌을 주는 벽이 어느 정도 필요합니다.

◐ 사보아 주택 옥상에는 곡면의 벽에 둘러싸여 일광욕을 하는 공간(솔라리움)이 있다. 그 곡면이 외관의 조형을 풍부하게 만들고 있다.

- 2층의 '옥상정원'은 방에도 가로로 긴 구멍이 뚫려 있어 반외부적 형태를 하고 있다. 2층 옥상 위에는 곡면의 벽으로 둘러싸인 공간이 두 개 있다.
- 코르뷔지에의 조형은 상자형태가 많지만 상자 위에 조각적인 형태를 더함으로써 그 단조로움을 피하는 디자인 형태를 취하고 있다.

Q 코르뷔지에가 욕실에 긴 의자를 붙박이로 만든 것은 있습니까?

A 사보아 주택 욕실에는 타일로 만든 긴 의자가 만들어져 있습니다.

◐ 욕실은 콘크리트로 만들어진 곡선의 긴 의자를 사이에 두고 침실과 개방되어 있다. 코르뷔지에는 긴 의자를 만들고 싶었던 것보다 사각형의 상자 안에 곡선적인 조형이 있었으면 한 것으로 생각된다.

- 코르뷔지에는 1926년에 근대건축의 5원칙을 발표했다. ① 전통적인 벽에 의한 구성이 아니라 기둥에 의한 구성(도미노 시스템으로 명명)에 의한 '자유로운 평면', ② 무게로부터 자유로워진 벽에 의한 '자유로운 입면', ③ 벽에 의한 구조의 세로로 긴 창이 아니라 기둥의 구조에 의한 밝음 '가로로 긴 창', ④ 기둥에서 1층을 띄워 지면을 일반에 개방하는 '필로티', ⑤ 지면을 일반에 개방하고, 사용되지 않았던 지붕 위를 개인 정원으로 하는 '옥상정원'이다. 이 5원칙을 모두 실현한 것이 사보아 주택이다.

Q 코르뷔지에는 세면대 등의 위생설비기기를 거실에 노출하여 사용한 적이 있습니까?

A 난제세르 에 코리(rue Nungesser et Coli)가의 아파트(1933년)에 있는 아틀리에 겸 주택에서 흰 위생도기가 여기저기 거실에 노출되어 사용되어 있습니다.

◐ 집합주택 최상부에 있는 아틀리에의 거실에 위생도기 등을 능숙하게 노출하여 디자인하고 있다.

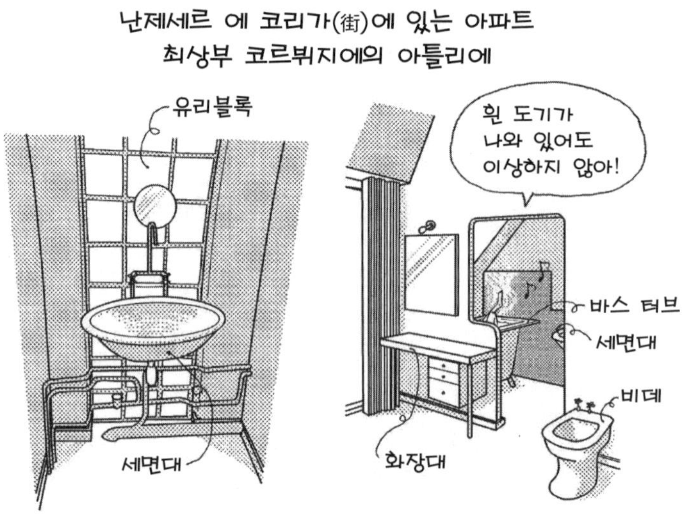

• 코르뷔지에는 이론적으로 전체에서 부분으로, 톱다운으로 만드는 경향이 강하다. 그러나 실제로 보면 작은 디자인에 생각이 축적된 것을 알 수 있다. 아틀리에의 위생도기 및 샤워실, 욕실 이외에도 움직이는 가구, 천장 안의 경사진 천장, 계단의 조형 등 둘러봐야 할 것이 많다. 어떤 것이든 디자인을 살리려는 것을 엿볼 수 있다. 현재 아틀리에는 코르뷔지에 재단 관리로 내부 견학이 가능하고, 지하철 포르뜨 도테이유역에서 걸어서 갈 수 있다.

Q 코르뷔지에는 보울트 천장을 만들었습니까?

A 아틀리에의 천장 등 많은 실례가 남아 있습니다.

◐ 난제세르 에 코리가의 아파트는 옆 건물과 딱 붙어서 위치하고 있으며, 인접한 경계가 돌과 벽돌을 쌓은 석조의 벽으로 만들어져 있다. 아틀리에에는 원래 있던 벽의 돌과 벽돌의 소재감을 그대로 살리고 천장을 흰 보울트로 하고 있다.

• 주말 주택(1935년), 휴타 저택(1950년), 자울 주택(1954년)에서는 보울트를 병렬로 늘어놓은 구성을 하고 있다. 1920년대 흰색의 추상적 상자였던 것이 30년대 이후, 벽돌이나 콘크리트 노출 등의 소재감 있는 작품이 늘어난다.

Q 코르뷔지에가 디자인한 의자는 어떤 것이 있습니까?

A 아래 그림의 쉐즈 롱그와 그랜드 컴포트(1928년)가 유명합니다.

◐ 1920년대에는 바우하우스의 마르셀 브로이어가 스틸 파이프를 사용하면서 나무로 만든 의자에서는 없는 디자인이 탄생한다. 코르뷔지에 의자는 단순한 디자인뿐만 아니라 앉기도 편하고 현재에 호텔이나 맨션의 로비 등에 많이 사용되고 있다.

• 그랜드 컴포트는 '위대한 쾌적', 쉐즈 롱그는 '긴 잠 의자'가 원래 뜻이다. 좌면에 소가죽으로 마감된 쉐즈 롱그는 카우보이 체어라고도 불리고, 쉐즈 롱그는 대좌에서 떼어내면 로킹 체어가 된다.

R090 브로이어

Q 최초로 스틸파이프를 사용하여 의자를 만든 것은 무엇입니까?

A 바우하우스(Bauhaus)의 브로이어(Marcel Lajos Breuer, 1902~81년)에 의해 만들어진 바실리 체어(1925년)입니다.

◐ 자전거 핸들에서 착상을 얻은 디자인으로 파이프의 분해 · 조립도 가능하다.

- 「바우하우스」는 1919년 독일에 설립된 미술과 건축에 관한 종합적인 미술학교이고, 근대예술운동의 중심이 되었다. 헝가리 출생의 브로이어는 바우하우스에서 배우고, 1924년에는 가구 작업장을 관리하게 되었으며, 바실리 체어의 이름은 바우하우스의 교수, 바실리 칸딘스키(Wassily Kandinsky, 1866~1944년)와 연관하여 명명되었다.
- 스틸 의자는 1850년경에 만들어졌지만 스틸 파이프는 바실리 체어가 처음이다.

R091 스탐

Q 스틸 파이프를 사용하여 한쪽 방향으로만 지탱하는 의자로는 어떤 작품이 있습니까?

A 마르티누스 스탐(Martinus Adrianus Stam, 1899~1986년)의 캔틸레버 체어(1926년), 미스 반 데어 로에의 MR체어(1927년) 등이 있습니다.

◐ 한쪽 방향으로만 지탱하는 의자란 한쪽의 다리로 지탱하고 다른 쪽은 그 다리에서 밖으로 내어 지탱하고 있는 나뭇가지와 같은 구조를 말한다. 캔틸레버(cantilever)도 같은 뜻이다. 강도가 있는 스틸 파이프를 사용함으로써 한쪽 방향으로만 지탱하는 구조가 가능하게 되었다.

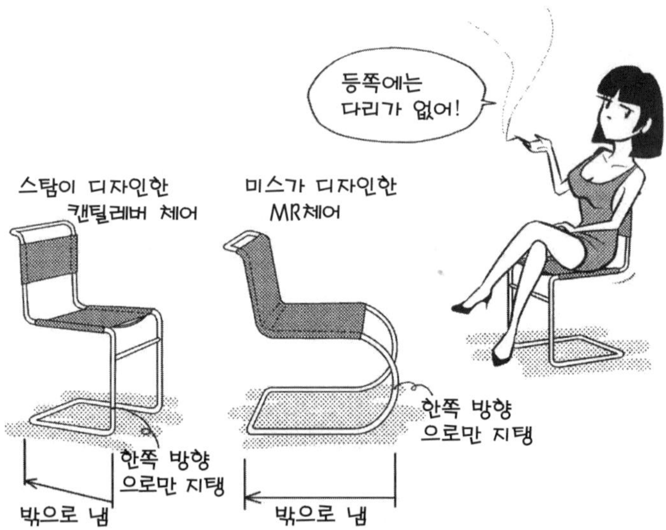

R092

미스－1

Q 스틸의 플랫 바를 사용한 의자가 있습니까?

A 미스 반 데어 로에(Ludwig Mies van de Rohe, 1886~1969년)의 바르셀로나 체어(1929년)가 유명합니다.

◐ 가구에서 스틸이라고 하면 파이프를 이용한 것이 일반적이지만 바르셀로나 체어는 휘어진 플랫 바를 십자로 짜맞춰 뼈대로 사용하고 있다. 20세기 초반 디자인임에도 불구하고 현재 호텔이나 맨션의 로비 등 여러 장소에서 사용되고 있다.

• 1929년 바르셀로나 만국박람회에서 건설된 독일관=바르셀로나 파빌리온에 두기 위해 만들어졌다. 바르셀로나 파빌리온에 놓인 것은 흰색으로 등받이가 없는 디자인도 있다.

Q 바르셀로나 파빌리온의 벽에 장식이 있습니까?

A 장식은 없지만 돌의 소재 자체 모양을 장식처럼 사용하고 있습니다.

◐ 건물 전체가 상자가 아닌 추상적인 면을 조합한 구성으로 되어 있다. 각각의 면에는 종래의 건축적 장식이 아니라 천장은 흰색, 벽과 바닥은 돌의 모양뿐이고, 벽과 바닥의 흰빛을 띠는 돌은 트래버틴, 녹색이나 갈색 부분은 대리석이다.

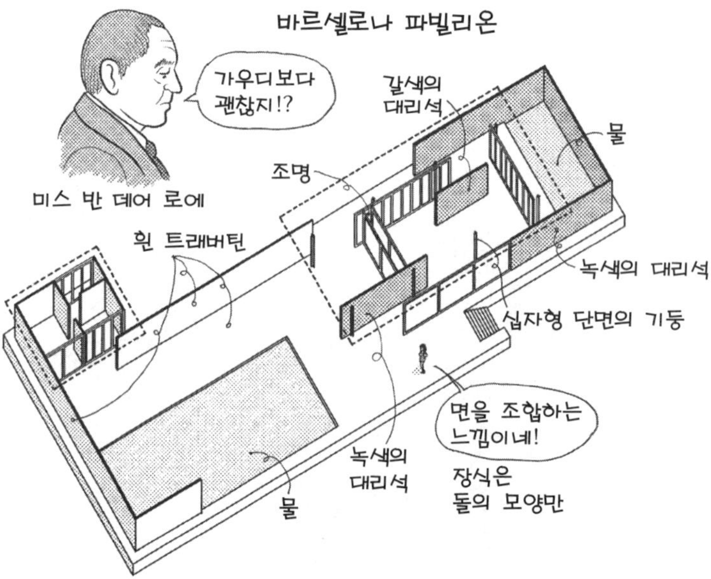

• 미스는 1910년대 양식적인 건축에도 관심을 보였지만 20년대에 들어서 상자를 허무는 것 같은 시행을 반복하고, 이를 완전한 형태로 실현한 것이 20년대 후반, 바르셀로나 파빌리온이다.

• 바르셀로나 파빌리온은 재건되었기 때문에 바르셀로나에서 가우디의 작품을 본 후에 미스의 작품도 둘러보기 바란다. 가우디가 살았던 시대 다음의 새로운 시대가 시작되는 모습을 실감할 수 있을 것이다.

Q 벽이나 지붕을 독립한 면으로 보이게 하는 디자인 포인트는 무엇입니까?

A 벽이나 지붕의 엣지를 노출해서 보여주는 것, 벽면, 천장면을 장식 없이 평활하게 마무리하는 것 등입니다.

◐ 바르셀로나 파빌리온은 벽, 지붕의 엣지가 여기저기 노출되어 면의 독립이 강한 인상을 준다. 상자를 감싸는 벽이 아니라 바깥도 안도 아닌 공간에 놓인 카드와 같은 면에 의한 디자인이다.

• 상자의 해체는 프랭크 로이드 라이트의 1910년대 주택에서도 나타나지만 완전한 형태로 분해한 것은 미스의 바르셀로나 파빌리온이 처음이다. 상자에 둘러쌓인 벽이 독립해서 놓아지는 벽이 됨으로써 내부와 외부가 일체적 · 유동적이 된다.

Q 1920년대 코르뷔지에와 미스의 작품의 공통점은 무엇입니까?

A 벽을 장식 없이 면으로 다루고 유리면을 크게 사용하는 것, 안과 밖을 연속적으로 다루는 것 등입니다.

◐ 코르뷔지에, 미스 이전의 건축은 장식이나 양식을 어떻게 할지에 중점을 두고 있다. 1920년대 근대건축 출현에 의해 장식 없는 면이나 유리를 어떻게 구성할지로 공간구성의 디자인 포인트가 바뀌었다.

• 전체 구성을 나타내기 위해 투시도보다 엑소노메트릭이 적합하다. 이전의 건축가들처럼 투시도를 열심히 그리지 않게 된 것도 장식이나 양식 등의 표층 표현보다 공간구성에 역점을 두었기 때문이다.

Q 1920년대 코르뷔지에는 흰 상자를 만들었습니다만, 미스가 자주 만든 것은 어떤 상자입니까?

A 미스는 1950년대 이후, 유리상자를 많이 만들었습니다.

◐ 판즈워스 저택(1951년, 미국 시카고 북쪽의 교외)은 최소한의 벽 밖에 없는 유리상자이다.

- 바르셀로나 파빌리온에서 '면의 조합에 의한 구성'을 실현하였으며, 그 후는 벽을 짧게 하여 없애는 방향으로 진행하여 판즈워스 저택에서는 벽이 없어지게 된다. 바닥면과 지붕면에 샌드위치될 뿐 벽이 거의 없는 공간을 균질공간이나 유니버설 스페이스(보편적 공간) 등으로 말한다. 판즈워스 저택은 균질공간의 최초 예이다.
- 미스의 변천은 전통적인 상자를 해체하고 벽을 독립시켰으며 그 벽도 최소로 하였다. 최후에는 벽이 없는 유리상자에 이르렀으며, 균질공간으로 순화되는 과정, 그것을 모든 건물에 넓히는 과정이라고 말할 수 있다. 코르뷔지에가 1930년대 이후, 흰 상자를 그만두고 조형적인 방향으로 전환한데 반해 미스는 균질공간으로 조금씩 접근하였다.

Q 코어(core)란 무엇입니까?

A 핵을 의미하지만 건축에서는 화장실, 욕실, 엘리베이터, 파이프 샤프트 등의 설비관계를 하나로 정리한 부분을 가리킵니다.

◐ 주택을 모두 개방하기에는 프라이버시를 확보하는데 무리가 있다. 그래서 판즈워스 저택에서는 화장실, 샤워실을 코어로 계획하여 공간의 안에 섬처럼 두고 주위를 개방하는 방법을 채택했다. 개수대는 코어의 안쪽 벽을 따라 설치하였다.

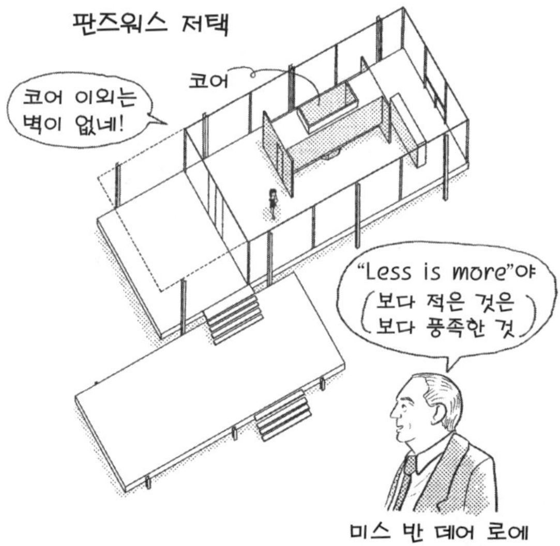

- 판즈워스 저택 주위에는 광활한 부지가 있어 프라이버시는 자연스럽게 확보되어 있다. 건물이 떠있는 것은 가까운 강의 홍수를 피하기 위함이라고 설명되어 있다.(실제로 홍수에 의한 피해를 받고 있다).
- 판즈워스 저택은 현재, 미술애호가의 소유로 되어 있으며, 내부 견학도 가능하다. 미스의 다른 작품에서는 철골을 검게 칠한 것이 많지만 판즈워스 저택에서는 희게 칠했다. 필자는 판즈워스 저택을 주위 자연의 중심에 아름답게 떠있어, 초지 위에 세워진 흰 사보아 주택을 봤을 때와 같은 감동을 받았다.

Q 알토는 천장을 굴곡지게 한 것이 있습니까?

A 핀란드의 건축가 알바 알토(Alvar Aalto, 1898~1976년)는 천장을 굴곡지게 하는 디자인을 자주 사용하였습니다.

◐ 메종 카레(1959년, 프랑스)에는 토지의 경사방향에 따라 한쪽으로만 경사진 지붕을 하고 있으며, 그 아래에 천장을 크고 굴곡지게 하고 있다. 입구의 갤러리는 거실로 흐르는 듯한 공간으로 만들어져 있다.

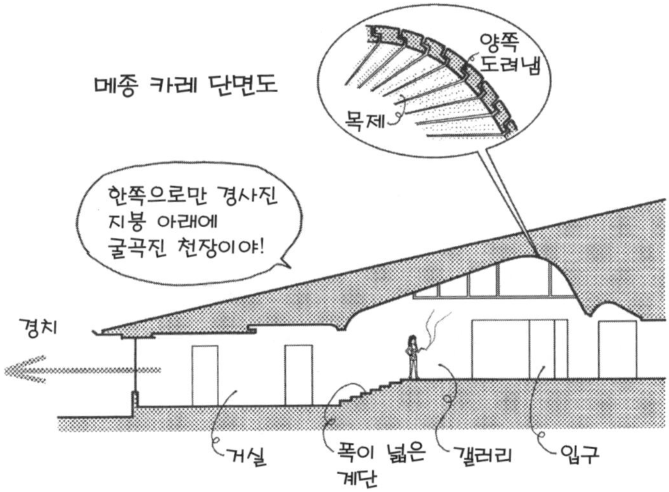

• 코르뷔지에, 미스의 작품들이 완성되면서 근대건축이 다소 빠진 부분을 보충하는 디자인을 하게 된다. 향토적 디자인, 소재를 살린 디자인, 곡선적 디자인 등이다. 알토도 근대건축을 시작하면서 독자의 세계를 만들었다.

Q 알토는 벽을 굴곡지게 한 것이 있습니까?

A 전시시설에서 파도형태의 벽을 사용하고 있습니다.

◐ 뉴욕 만국박람회의 핀란드관(1939년)은 내측에 경사진 굴곡벽면으로 만들어져 있다. 나무의 세로격자의 굴곡진 벽면에는 핀란드의 목재산업을 표현하는 대형 사진이 전시되어 있다.

뉴욕 만국박람회 핀란드관

- 알토는 곡선을 많이 사용했지만 평면도에 표시된 것은 굴곡진 곡면과 부채 모양의 두 종류로 크게 나뉜다. 부채 모양은 도서관 열람실이나 교실, 홀 등에 사용되었다.

Q 알토는 격자를 같은 간격이 아니라 랜덤하게 사용한 것이 있습니까?

A 알토의 빌라 마이레아(1938년)가 그 사례로 보여집니다.

◐ 세로격자는 같은 간격이거나 두 개씩 한 곳에 모아 규칙성을 주는 것이 보통이다. 빌라 마이레아의 계단 격자는 원형 단면의 목제 막대를 랜덤 간격으로 넣어서 만들고 있다.

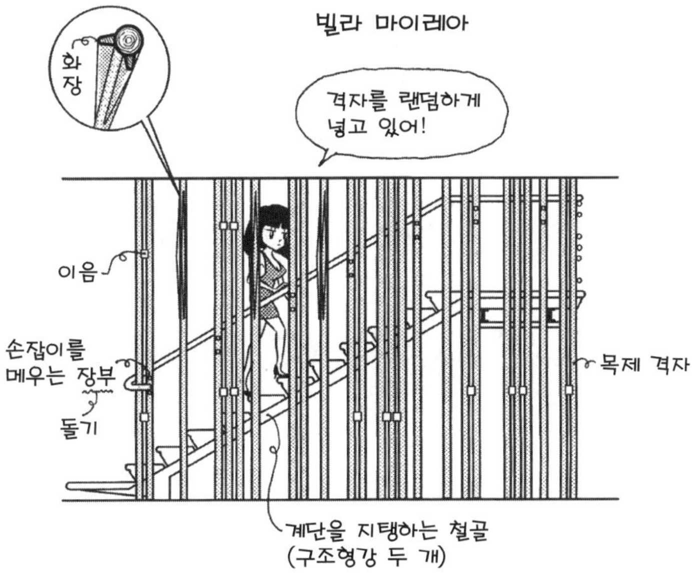

• 알토는 규칙적인 디자인보다도 변칙적·즉흥적인 디자인을 좋아했던 것으로 생각된다. 빌라 마이레아는 헬싱키의 북서, 누르마르크 숲에 둘러싸인 언덕에 세워져 있으며, 내부 견학도 가능하다.

Q 알토는 원기둥을 어떤 식으로 장식했습니까?

A 얇은 등나무를 끈처럼 감는 형식으로 장식하고 있습니다.

◐ 빌라 마이레아의 거실에는 검은 철골의 기둥에 등나무를 말아 장식하고 있다. 코르뷔지에나 미스라면 절대 사용하지 않았을 듯한 자연 소재에 의한 장식이다.

빌라 마이레아 거실에 있는 원주

- 이 기둥은 직경 150mm의 철파이프 주위에 석면의 내화피복을 하고 거기에 광택이 있는 검은 도장으로 마감하고 있다.
- 라탄가구의 라탄(rattan)은 통상, 등나무라고 번역하지만, 등나무과가 아니라 야자과 식물이다. 가볍고 강하고, 가구에 자주 사용되고 있다.

Q 알토의 암체어는 어떤 것이 있습니까?

A 아래 그림의 암체어 41(1930년)과 암체어 42(1933년)가 유명합니다.

◐ 흰색을 띤 자작나무를 적층하여 강도를 높인 재료를 사용하여 곡선적인 디자인으로 하고 있다.

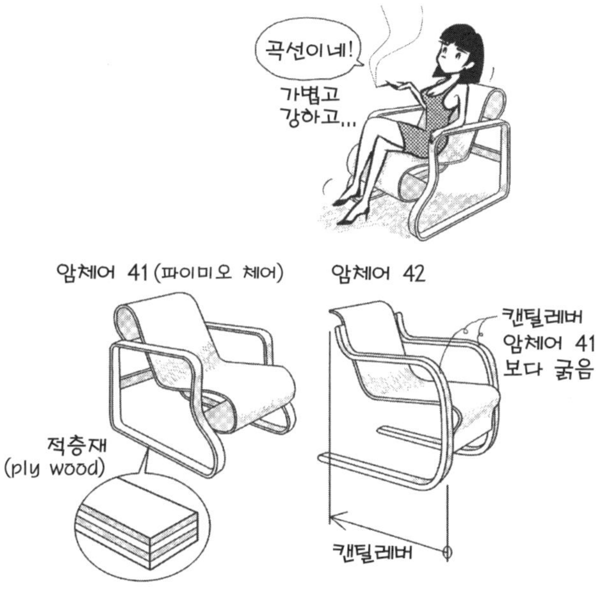

- 암체어 41은 파이미오결핵요양소(1933년)를 위해 디자인한 것이다. 그래서 파이미오 체어라고 불리기도 한다.
- 암체어 42는 등받이쪽에 다리가 없고 캔틸레버 구조로 되어 있다. 이러한 구조의 의자는 일반적으로 캔틸레버 체어라고 한다.
- 목재는 철과 비교하여 강도가 낮기 때문에 부분 재료가 두꺼워지기 쉬운데 강도를 확보하기 위해 무거워지는 경향이 있다. 그러기 위해 두꺼운 다리의 발 끝을 얇게 하는 등 장인의 손에 의해 가공되어 왔다. 알토는 적층재를 사용함으로써 강하고 가벼운 목재에 의한 근대적 디자인을 가능하게 했고, 대량생산도 가능하게 하였다. 핀란드의 목재산업이 적층재(Laminate plywood)에 의한 디자인을 후원한 것처럼 생각된다.

Q 스태킹 체어(stacking chair)란 무엇입니까?

A 수납이나 운반이 편리하도록 겹쳐 쌓을 수 있는 의자를 말합니다.

◐ 알토는 비푸리 도서관(1935년)을 위해 스태킹 스툴을 디자인하였다. 암체어 41, 42와 같은 방법으로 적층합판으로 만들어진 소형의 경량의자이다.

• 스툴(stool)이란 등받이나 팔걸이가 없는 의자를 말한다. 체어(chair)는 의자 전반을 가리킨다. 비푸리 스툴은 원형의 좌면에 세 개의 다리가 달린 더욱 단순한 의자로 넓게 보급되어 있다.

Q 앤트 체어, 세븐 체어란 무엇입니까?

A 덴마크의 디자이너인 아르네 야콥센(Aren Emil Jacobsen, 1902~71년)이 디자인한 의자입니다.

◐ 3차원 곡면에 성형한 얇은 적층합판에 얇은 파이프의 다리를 붙인 가볍고 단순한 의자로 전 세계에 보급되었다. 등판의 형태에서 앤트(개미), 세븐(7)의 명칭이 붙여졌다.

- 앤트 체어(1952년)는 당시 세 개의 다리였지만, 야콥센 사망 후 네 개의 다리로 만들어졌다.
- 세븐 체어(1953년)에는 소가죽, 바다표범이나 양의 모피를 붙인 것 등 여러 가지 형태가 있다.
- 20세기 중반 핀란드의 알토, 덴마크의 야콥센과 와그너를 시작으로 북유럽에는 우수한 디자이너가 많이 배출되고 있다.

Q 스완 체어, 에그 체어란 무엇입니까?

A 야콥센이 디자인한 의자입니다.

◐ 1958년에 호텔에 놓기 위해 디자인한 것이다. 두께가 있는 조형은 경질 발포우레탄을 표면에 바름으로써 실현되었다.

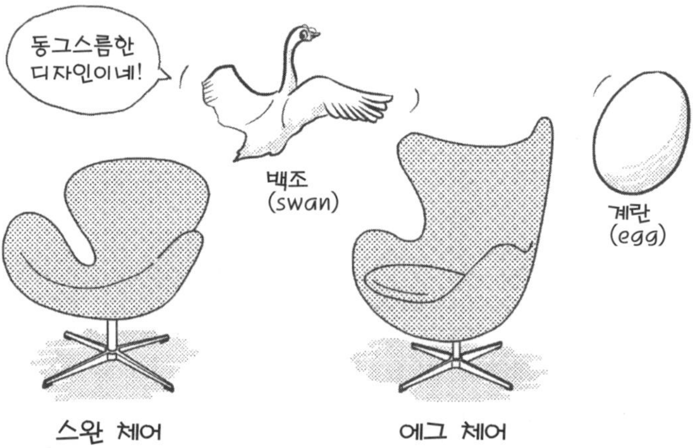

Q Y체어란 무엇입니까?

A 한스 와그너(Hans Jorgensen Wegner, 1914~2007년)가 디자인한 의자입니다.

◐ 등받이 부분의 Y자형에서 지어진 이름으로 좌면은 페이퍼 코드(튼튼한 종이를 꼰 것)를 땋아서 만들었다. 와그너는 야콥센에게 사사받은 후 독립하여 1949년에 발표한 Y체어로 세계적으로 유명해졌다. 튼튼함, 가벼움, 세련되고 단순한 디자인으로 지금도 전 세계적으로 애용되고 있다.

• 와그너의 디자인에는 공작이 날개를 펼친 듯한 피콕 체어도 유명하다. 피콕 체어는 영국의 윈저지방에서 만들어졌던 윈저체어를 세련되게 한 디자인이다.

Q PH램프란 무엇입니까?

A 폴 헤닝센(Poul Henningsen, 1894~1967년)이 디자인한 조명기구를 말합니다.

◐ 덴마크의 디자이너 폴 헤닝센에 의해 디자인된 조명기구로 머리글자를 따서 PH램프라고 불리워지게 되었다. 주름과 같은 패널판과 세이드(shade : 삿갓)에 반사시키는 펜던트 라이트가 유명하고 지금도 전 세계의 많은 식탁을 비추고 있다.

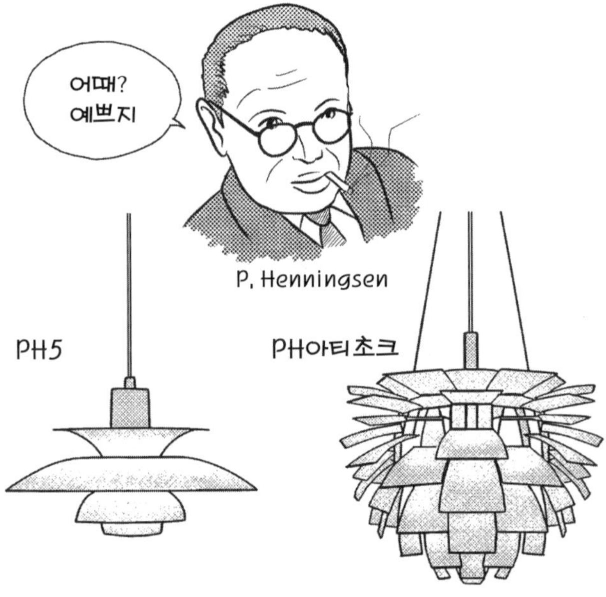

- 펜던트(pendant)란 목에 거는 장식을 뜻하며, 천장에서 매다는 조명도 펜던트라 불리고 있다. 또 다른 조명기구인 PH아티초크에서 아티초크란, 식용의 국화와 식물 아티초크의 꽃봉오리로 조명기구와 형태가 닮아서 붙여진 명칭이다.
- 전구에서 직접적인 빛이 나오는 것이 아니라 반사시키고 있어 빛이 부드럽게 표현되며, 간접조명을 조명기구에 반영한 형태이다.

R108

Q 찰스 임스(Charles Ormond Eames, 1907~78년)는 어떤 의자를 디자인했습니까?

A 쉘체어(1950년)가 유명합니다.

◐ FRP(유리섬유 강화 플라스틱)를 사용하여 만들었고, 앉는 부분과 등받이에 얇은 파이프가 지탱하는 구성이다. 쉘(shell)이란 조개껍데기를 말하는데, 조개껍데기와 같은 곡면이 구조적으로 강하여 건축 및 가구의 구조에서 응용되었다. 쉘의 형태와 지탱하는 파이프의 조합으로 여러 가지 형식이 있다.

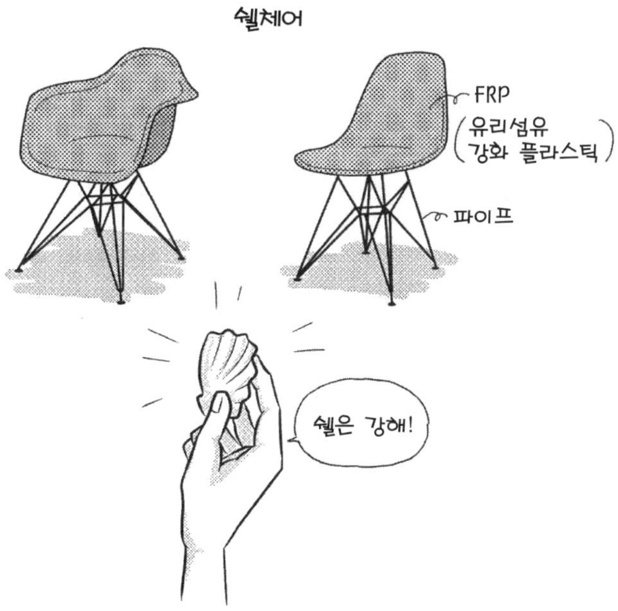

- 미국의 디자이너인 찰스 임스와 부인 레이 임스(Ray Eames, 1912~89년)가 공동으로 건축과 가구를 디자인하였다. 다리를 올리는 오토만이 있는 대형의 라운지 체어도 유명하다.
- 20세기 중반쯤 미국에서 발생한 일련의 근대적 디자인은 미드센추리로 불리기도 한다.

R109

임스－2

Q 일본의 장지문을 디자인 모티브로 한 철골의 집이 있습니까?

A 임스 저택(1948년)은 장지문을 연상시키는 디자인입니다.

◐ 철골 부분을 검게 칠하고 벽을 하얗게 하고 있기 때문에 장지문과 같은 디자인으로 되어 있다. 외측 검은 철골의 안쪽 벽에 중간마다 빨강이나 파랑으로 칠해져 있어 몬드리안의 그림을 떠오르게 한다.

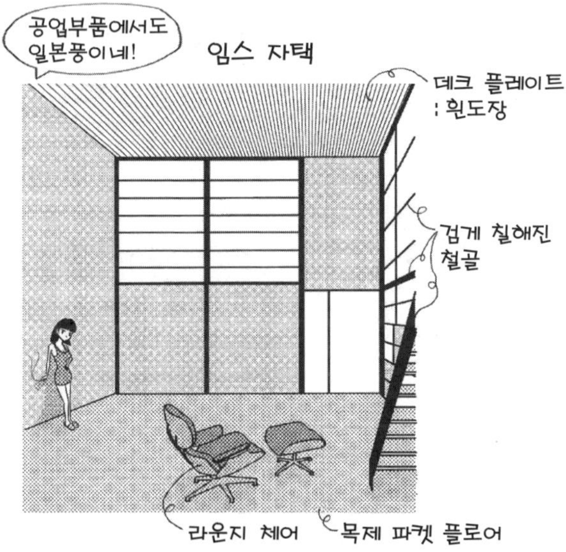

- 임스 부부는 일본의 디자인과 생활양식에 관심이 있었던 것 같다. 다다미를 깔고 그 위에 앉아 젓가락으로 식사를 하고 있는 파티 사진이 남겨져 있다. 자택에는 일본종이로 만들어진 종이등과 같은 조명기구가 많이 사용되었다. 일본의 디자인에서 근대디자인과 공통되는 단순한 규칙성, 범용성을 보고 있었던 것 같다. 자택은 공업제품과 거기에 맞는 규격(모듈)으로 짜맞추면서 낭비가 없는 아름다움, 일본풍을 연상시키는 공간을 만들었다.
- 데크(deck) 플레이트란 철판을 파도형태로 접어 구부려서 강도를 준 바탕재이다.
- 파켓(parquet) 플로어란 작은 나무판을 조합하여 타일과 같이 전면에 빈틈없이 세공하여 마감한 마루이다.(R133 참조)

R110

칸-1

Q 벽에 거대한 원형의 구멍을 낸 디자인은 있습니까?

A 루이스 칸(Louis Isadore Kahn, 1901~74년)의 엑서터 도서관(1972년, 뉴 햄프셔주 엑서터)은 내부 벽면에 크고 둥근 구멍이 뚫어져 있습니다.

◐ 콘크리트 노출벽에 큰 원형 구멍을 내어 그 맞은편 각 층의 바닥 슬래브(판)와 목재의 서가를 보여주고 있다. 구멍을 낸 콘크리트 벽면에는 탑사이드라이트의 빛이 닿아서 벽면의 존재감이 더해지고 있다.

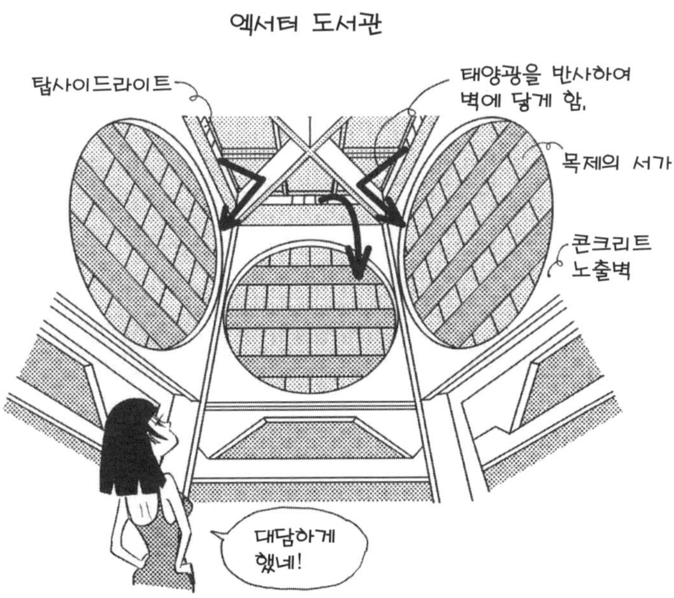

- 탑사이드라이트(topsidelight)란 천장에 가까운 부분의 벽에 창을 내고 빛을 넣는 방법이며, 탑라이트(toplight)는 천장에 창을 설치하여 빛을 넣은 방법이다. 칸의 빛은 태양의 빛을 몇 도 정도 바운드시켜 부드럽게 한 것으로, 벽과 천장에 닿게 하는 것을 자주 사용했다.
- 벽에 원형과 삼각형의 거대한 구멍을 내는 디자인은 칸의 여러 작품에서 보인다.

R111

Q 천장을 탑사이드로 비추게 하는 것이 가능합니까?

A 칸의 킴벨미술관(1972년, 텍사스주 포트워스)에서는 탑라이트의 빛을 편칭메탈에 반사시켜 보울트의 천장에 닿게 하고 있습니다.

◐ 탑라이트를 통하여 태양광을 그대로 사용하는 것이 아니라 작은 구멍이 난 펀칭메탈에 투과시키거나 반사시키는 방법으로 태양광을 사용하고 있다. 펀칭메탈이 반사한 빛은 노출 콘크리트의 보울트면에 닿아 천장 전체가 빛나는 것처럼 디자인한 것이다.

• 펀칭메탈이 반사한 빛을 균등하게 받을 수 있도록 보울트의 단면형이 사이클로이드 곡선으로 되어 있다.

R112 칸-3

Q 창 주변에 가구를 붙박이로 만드는 것은 있습니까?

A 칸의 피셔 저택(1967년, 펜실베이니아주)에는 코너의 창에 벤치를 붙박이로 만들고 있습니다.

◐ 돌출창과 내닫이창에 벤치를 설치하는 것이 자주 행해져 왔다. 피셔 저택의 코너에는 대형 창이 있지만 그 아래 부분을 작게 분할하여 굴곡(凹凸)진 공간을 만들어 벤치와 작은 창을 설치하였다.

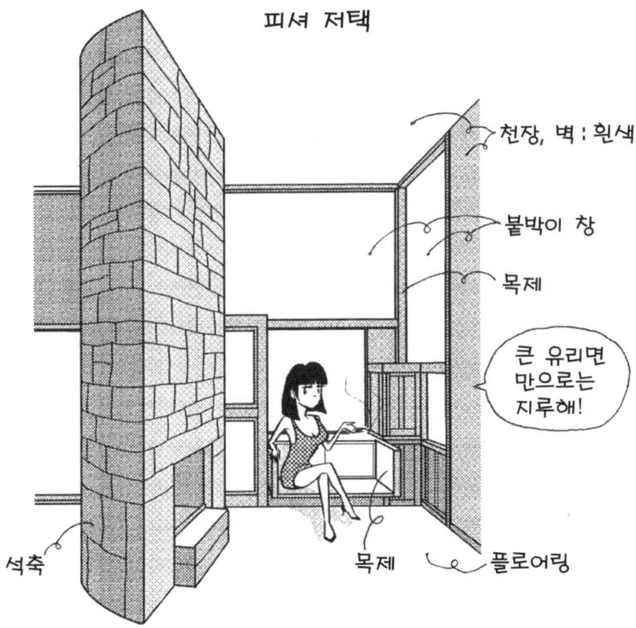

• 피셔 저택은 정방형 평면에 가까운 두 개의 볼륨을 기울여 부딪치게 한 평면의 형태를 하고 있다. 이와 같은 기하학적 조작에 의해 만들어진 것에 비해 내·외부의 마감에서 인간적 따뜻함이 느껴진다.

R113 포스트모더니즘 이후-1

Q 벽에 부딪치는 계단이 있습니까?

A 로버트 벤츄리(Robert Venturi, 1925년~)의 어머니 집(1962년, 펜실베이니아주)의 계단 중간에 난로의 벽과 부딪혀 오른쪽 반은 올라갈 수 없는 계단입니다.

◐ 의도적으로 조금 옮기거나, 비틀어 구부리거나, 대립시키거나, 복잡하게 하는 형태로 조작되어 있다. 미스 등의 단순한 디자인과는 대조적이다.

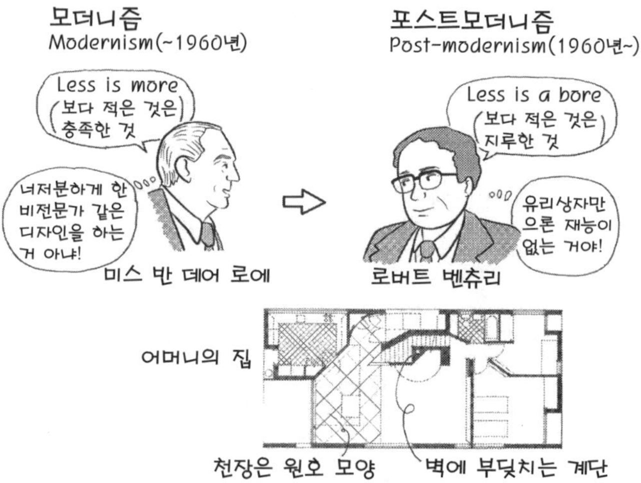

- 벤츄리는 칸에게 사사받은 후 독립하여 칸과는 전혀 다른 지평을 열었다. 미스가 'Less is more(보다 적은 것이 충족한 것)'라고 말한 것에 반해, 벤츄리는 저서 『건축의 다양성과 대립성』(1966년)에서 'Less is a bore(보다 적은 것은 지루한 것)'라고 말해 반모더니즘의 성향을 나타냈다.
- 찰스 젠크스(Charles Jencks, 1939년~)는 저서 『포스트모더니즘의 건축언어』(1977년)에서 '포스트모더니즘=근대주의 이후'라는 단어를 들어 미스 등의 모더니즘 건축을 비판하였다.
- 필자는 유명한 어머니의 집을 보러 가서, 솔직히 이렇다 할 것이 없구나!라는 감상을 했었다. 가까이에 세워진 칸의 에슈릭 저택이 훌륭하다고 생각한 기억이 있다. 벤츄리의 작품 중에서 필라델피아 시내에 있는 프랭클린 코트(1976년)가 위트와 아이디어가 풍부한 작품이라는 인상이 남았다.

Q 많은 색을 넣은 실내디자인이 있습니까?

A 포스트모던의 대표적인 건축가 마이클 그레이브스(Michael Graves, 1934년~)는 많은 파스텔 색을 사용하고 있습니다.

◐ 수나의 쇼룸(1980년, 로스앤젤레스)에는 양식적 세부를 간소하게 디자인한 벽, 기둥, 조명기구에 여러 가지 파스텔 색을 사용하고 있다. 아래 그림은 벽면에 입체적으로 만들어진 벽화이다.

수나의 쇼룸 부조 벽화

- 모더니즘이 제한된 색과 형태를 사용한 것에 반해 포스트모더니즘에서는 다량의 색과 형태를 도입하고 있다.
- 로스앤젤레스 시내에서 수나 쇼룸을 봤을 때의 충격은 지금도 기억하고 있다. 건축과 실내디자인에 제한되지 않는 그레이브스 재능의 풍부함을 느꼈다.

Q 오더를 응용한 장식은 포스트모던에서 사용되었습니까?

A 대단히 많은 실례가 있습니다.

◐ 그레이브스에 의한 수나 쇼룸에서는 원기둥 위에 주두와 같은 간접조명이 설치되어 있다. 두 묶음으로 더블형태의 기둥으로 한 것도 있다. 오더를 현대적 디자인으로 되살아나게 한 예이다.

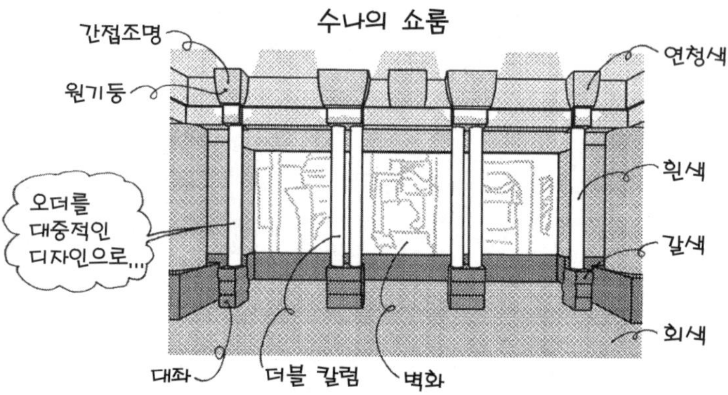

• 19세기 고전주의(신고전주의와 네오바로크)에서 오더는 '진지하게' 사용되었다. 포스트모던에서는 그런 진지함을 크게 변형하여 파스텔 색을 칠하는 등 '가볍다', '점잔 빼지 않는다', '대중적인' 디자인으로 사용되었다.

Q 상자 안에 상자를 포개 넣는 디자인이 있습니까?

A 찰스 무어(Charles Willard Moore, 1925~93년)의 작품에서 많이 사용된 디자인 방법입니다.

◐ 무어 자택(1966년, 코네티컷 주의 뉴헤븐)은 기존의 주택에 정방형 평면의 작은 상자 세 개를 포개 넣은 구성이다. 세 개의 상자는 크기와 형태가 다르고, 여러 가지 그래픽이 사용되었으며, 각각의 이름까지 붙여져 있다.

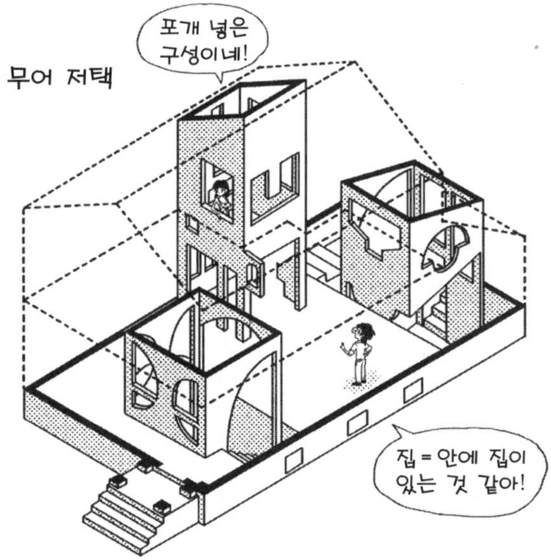

- 큰 상자 안에 작은 상자를 넣으면 작은 상자의 주변에 훤히 트인 곳이 생긴다. 코르뷔지에가 만든 훤히 트인 곳과는 다른, 방향성이 없는 훤히 트인 곳이다.
- 시랜치(1964년, 캘리포니아주 시랜치)는 별장을 집합시킨 대형의 건물이다. 내부 역시 포개 넣는 구성을 하고 있다. 겉 상자는 목조의 구조를 노출하고 있으며, 내부는 연한 청색으로 페인트칠되어 있다.
- 코르뷔지에의 디자인을 세련되게 하거나 리처드 마이어(Richard Meier, 1934년~)의 흰 상자 디자인을 '화이트'라고 부르는 것에 반해, 무어의 디자인은 '그레이'라고 불렀다.

Q 슈퍼그래픽이란 무엇입니까?

A 벽면에 큰 패턴이나 문자, 추상화 등을 그리는 것을 말합니다.

◐ 무어의 시랜치 공용 부위에는 원색으로 큰 패턴이 그려져 있다.

- 무어에 의하면 비용 삭감으로 생긴 공간이 참담했기 때문에 벽면에 그래픽을 시행했다. 잡지 기자가 훌륭한 전례가 없는 슈퍼그래픽이라고 썼지만, 로버트 벤츄리의 그랜드 레스토랑에 쓴 큰 문자의 'THE GRAND'S RESTAURANT'이 최초라고 생각한다'라고 서술하고 있다.(『GA HOUSE 101』 p55).

Q 디컨스트럭션(Deconstruction)이란 무엇입니까?

A 보다 복잡하고 비구성적으로 구축하는 「탈구축」을 말합니다.

◐ 프랭크 게리(Frank Owen Gehry, 1929년~)의 자택(1978년, 캘리포니아주 산타모니카)에서는 기존에 잘린 지붕 주택 주변에 함석판, 철망의 펜스, 투바이포의 뼈대라는 싸고 넘치는 재료를 사용하여 복잡하게 서로 겹치는 공사현장과 같은 형태를 만들고 있다.

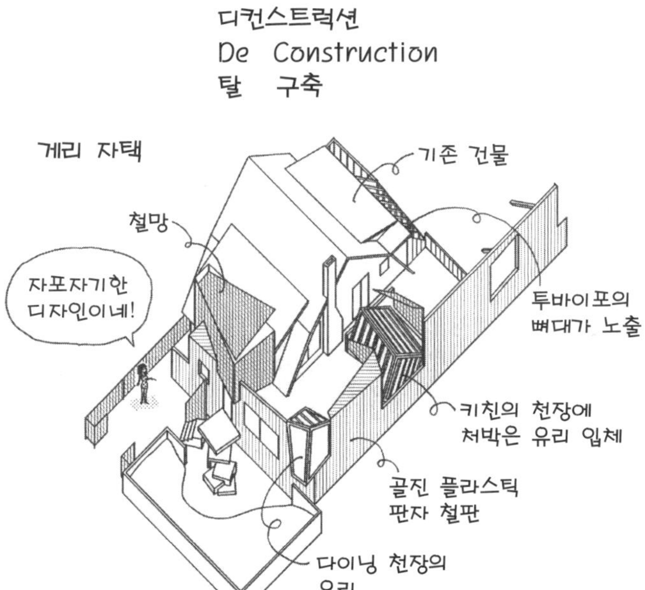

- 1988년의 여름, 필립 존슨(Philip Johnson, 1906~2005년)의 지도에 따라 「디컨스트럭티브 아키텍처」라는 전시회가 열렸으며 그로부터 디컨스트럭티비즘의 약칭 '디컨'이라는 단어가 유행하기 시작했다. 자포자기로 생각될 정도로 어수선하게 형태를 파괴한 디자인이다. 게리는 빌바오 구겐하임미술관(1997년, 스페인 빌바오)이라는 거대한 건물에서 불규칙, 부정형의 디컨 조형을 실현하고 있다.

Q 디컨스트럭션으로 유명해진 디자인에는 그밖에 어떤 것이 있습니까?

A 자하 하디드(Zaha Hadid, 1950년~)에 의한 홍콩 피크(1982년) 등이 있습니다.

◐ 홍콩의 산 정상을 개발하는 공모전에서 얇고 긴 직방체가 공중에서 어긋나면서 교차하는 스피드감이 넘치는 디자인을 보여준다.

- 이라크 출생의 자하는 홍콩 피크의 계획안으로 세계적으로 유명해졌으며, 실험작도 많이 다루고 있다.
- 디컨스트럭티비즘 아키텍처 전에서는 게리, 자하 외에 다니엘 리베스킨트, 렘 쿨하스, 피터 아이젠만, 쿱 힘멜브라우, 베르나르 츄미 등의 작품이 전시되었다.

Q 하이테크(high tech)란 무엇입니까?

A 높은 테크놀로지를 강조하는 듯한 디자인입니다.

◐ 노먼 포스터(Norman Robert Foster, 1935년~)에 의한 홍콩 상해은행 본점(현 HSBC본점, 1986년, 홍콩)에서는 태양의 움직임을 따르는 반사판과 휜히 트인 곳의 천장 반사판으로 내부에 태양빛을 끌어들이는 듯한 구조로 되어 있다. 엘리베이터의 스위치 플레이트를 스켈리턴으로 하는 등 실내디자인 세부에 이르기까지 '하이테크'적 디자인이다.

• 하이테크는 근대건축의 연장선에 있으면서 구조, 환경제어, 설비 등의 테크놀로지 부분을 강조한 디자인이다. '고도기술=하이테크'와는 구별하여 하이테크로 불리운 적이 있다. 근대건축의 연장으로서는 하이테크 외에 리처드 마이어에 의한 코르뷔지에를 세련되게 한 디자인(화이트라고 불렸음) 등도 있다.

R121

Q 합판(Plywood)이란 무엇입니까?

A 얇은 판을 섬유가 직교하도록 서로 다른 방향으로 붙여 만든 판입니다.

◐ 나무를 원주 방향을 따라 자른 얇은 판을 단판(홑판)이라고 한다. 이 단판을 섬유가 서로 다른 방향이 되도록 붙여 만든 판이 합판이고, 단판을 합쳐서 판으로 만든 것이다.

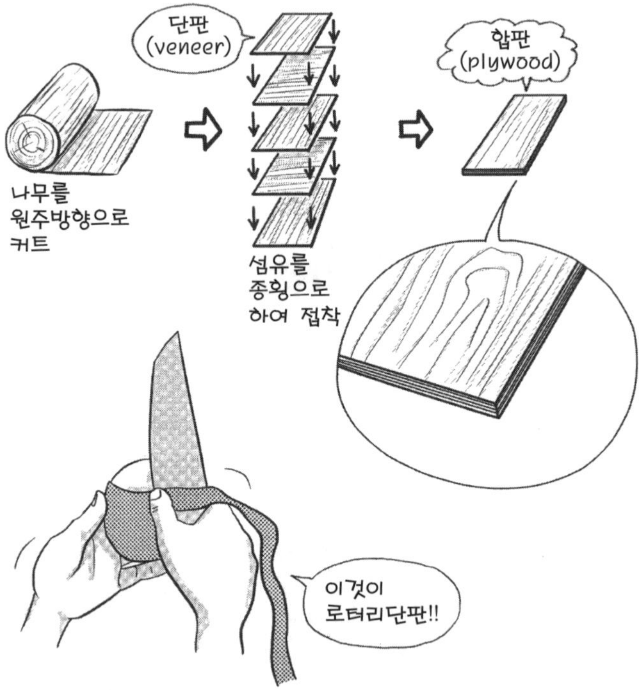

- 나무를 원주 방향을 따라 자른 단판을 '로터리단판'이라고 한다.
- 단판을 베니어(veneer)라고 한다. 합판을 베니어판이라고도 하지만, 본래의 의미로는 베니어가 아니다.
- '플라이(ply)'는 층이라는 의미로 층을 겹쳐서 판으로 만든 것이 플라이우드(plywood)이다.

Q 나왕합판과 미송합판의 색은 어떻게 다릅니까?

A 나왕합판은 붉은색을 띠며, 미송합판은 흰색을 띱니다.

◐ 바니시로 칠하여 마감할 경우 나무의 색이 나온다. 나왕합판은 붉은색, 미송합판은 흰색 또는 옅은 황색을 띤다. 대체로 나왕합판에 비해 미송합판의 나뭇결이 촘촘하며 깨끗하여 완성도 면에서 보기 좋다.

- 미송합판은 나왕합판의 표면에 미송재의 판을 붙인 것이다. 나왕합판의 나뭇결이 보이지 않도록 페인트로 마감하여도 미송합판의 나뭇결이 촘촘하기 때문에 마감도 깨끗하게 나온다. 미송합판은 실내디자인의 마감재, 붙박이가구의 표면재, 가구의 표면재 등에 널리 사용되고 있다. 나왕합판으로도 마감하는 경우가 있지만 완성 후 전체적으로 붉은색을 띤다.
- 바니시는 목재 표면에 칠하여 투명한 도료막을 만들어 목재를 보호하는 페인트이다. 나뭇결을 살린 채로 마감이 가능하며, 기본적으로는 투명하지만 색이 배합되어 있는 바니시도 많다.

Q 콘크리트 패널이란 무엇입니까?

A 콘크리트 형식의 합판을 말합니다.

◐ 합판에는 보통 합판, 콘크리트형 합판(콘크리트 패널), 구조용 합판 이외에 여러 종류가 있다. 콘크리트 패널은 나왕으로 된 제품이 일반적이며 붉은색을 띠고, 구조용 합판은 침엽수로 된 제품으로 흰색을 띤다.

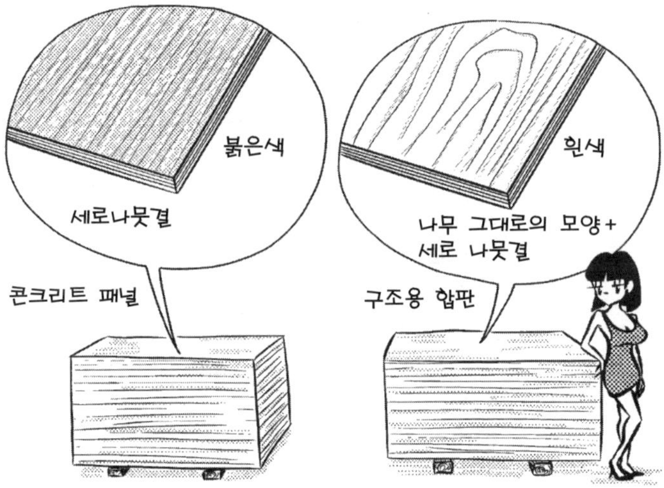

• 콘크리트 패널은 강도가 있기 때문에 바닥이나 벽의 밑바탕재로 많이 사용된다. 나무껍질 표면을 있는 그대로 보여주고 싶은 경우에는 흰색을 띠는 미송 합판의 경우가 깨끗하다.

Q 바닥재에 사용하는 합판의 두께는 얼마입니까?

A 12mm, 15mm가 일반적입니다.

◐ 약 300mm 간격으로 놓인 마룻귀틀이라고 부르는 길고 가는 각재의 위에 12mm(15mm)의 합판(구조용 합판이나 콘크리트 패널)을 깔고, 그 위에 플로어링이나 그밖의 마감재를 깐다.

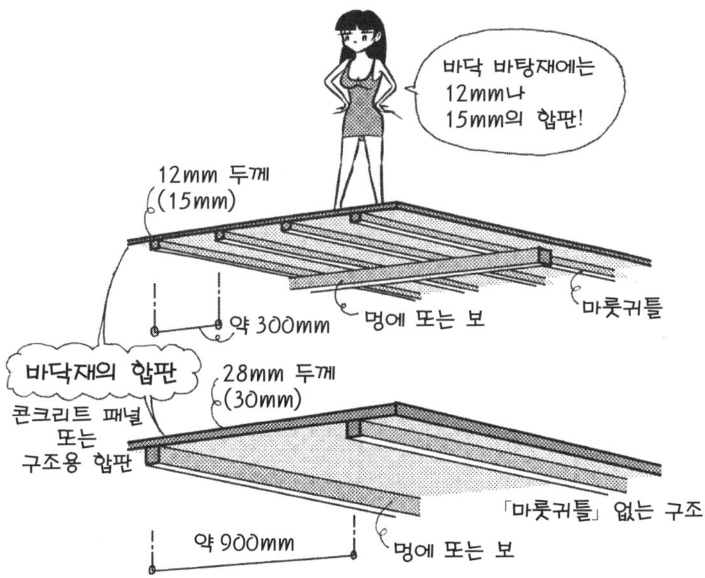

- 약 900mm 간격으로 놓인 두꺼운 각재 위에 28mm(30mm)의 합판을 깔거나 마룻귀틀 없이 제작하는 방법도 있다.
- 바닥재의 판은 버리는 바닥재라고 부르는 경우도 있다. 나중에 버리는 것처럼 거칠게 까는 판이기 때문이다. 지붕의 밑바탕재도 12mm나 15mm의 합판을 사용한다.

R125 합판－5

Q 폴리에스테르합판이란 무엇입니까?

A 합판 위에 폴리에스테르수지를 경화시킨 것입니다.

◐ 표면이 매끈매끈한 광택이 있는 수지로써 가구의 문짝, 카운터 등의 표면재에 자주 사용된다. 물을 사용하는 세면대의 카운터에는 사용할 수 없다. 수지의 치장합판이라면 멜라민 치장합판의 경우가 내구성이 좋다.

- 폴리에스테르수지 치장합판이 정식명칭이지만 폴리합판이라는 명칭을 일반적으로 사용하고 있다. 폴리합판은 작은 공장에서도 만들 수 있어 가격이 싸지만, 내구성이 떨어지는 결점이 있다. 멜라민 치장합판은 큰 공장에서만 만들 수 있어 가격이 비싼 편이다.
- 문짝에 사용하는 경우 내부에 골재를 넣은 플러시 도어로 만든다. 두께는 2.7mm부터 있고, 색은 흰색이 기본이지만 다른 색도 있다.

Q 포스트포밍 가공이란 무엇입니까?

A 곡면으로 만들어진 합판에 멜라민수지를 접착 · 압착시켜 카운터 등을 만드는 가공법입니다.

◐ 합판이나 집성재로 카운터를 만들 경우 절단면 처리를 고민하는 경우가 있다. 포스트포밍 가공에서는 곡면의 절단면까지 한 면으로 되기 때문에 보기에 깨끗하고 좋다. 내수성과 내구성이 뛰어나 세면대의 카운터에도 사용할 수 있다.

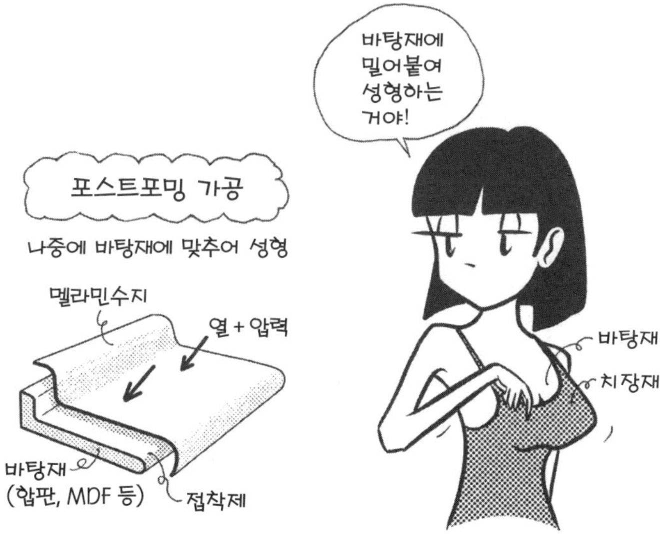

- 포스트(post)는 나중에, 폼(form)은 모양 · 성형이라는 의미로 모서리가 곡면으로 만들어진 바탕재에 나중에 멜라민을 접착 · 압착시켜 성형한다라는 의미로부터 이름이 붙여졌다고 본다. 프리(pre)는 전이라는 의미로 프리커트는 만들기 전, 사전에 커트해 두는 것을 말한다.

Q 키친 패널이란 무엇입니까?

A 합판의 표면에 보호필름을 붙여 부엌 주변에 사용하는 판입니다.

◐ 내수성이 있고 기름때가 있어도 쉽게 닦이며, 열에 강하고 충격에도 강해 잘 깨지지 않는다. 표면이 단단하여 흠집이 잘생기지 않는 특성이 있고, 부엌, 세면실 등의 벽에 사용된다.

- 주방 주변에는 100mm×100mm의 타일을 자주 사용하지만 키친 패널도 많이 보급되었다. 타일의 경우 줄눈에 때가 끼고, 키친 패널은 줄눈이 거의 없어 청소하기 쉽지만 타일에 비해 색상, 모양에서 선택의 폭이 적다.
- 두께는 3mm 정도이며 절단, 구멍뚫기가 간단하고 양면테이프와 접착제로도 벽에 붙는다. 줄눈에는 실링제(탄력성, 내수성이 있는 제품)를 채워 넣는다. 미장공사가 없으므로 공사비용을 줄일 수 있다.(키친 패널 자체는 고가임.)

Q 럼버코어 합판이란 무엇입니까?

A 작은 목재(lumber)를 옆으로 나열하고 접착하여 중심(core)에 넣고 그 양면에 나왕 또는 미송합판 등의 얇은 판을 붙인 것입니다.

◐ 붙박이가구나 칸막이벽에 사용되고, 절단부가 노출되면 안에 있는 코어, 중심부가 보이기 때문에 절단면을 가릴 필요가 있다.

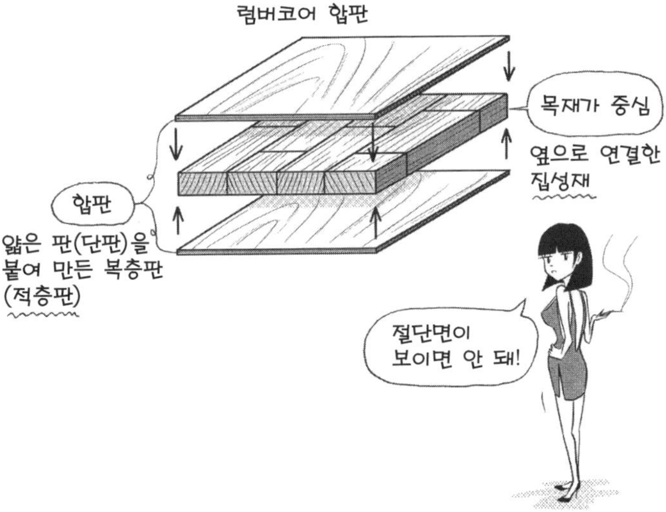

- 책장은 럼버코어 합판 21mm로 가로, 세로를 만들고, 책장 뒷면은 5.5mm의 미송합판으로 만들기도 한다. 절단면은 얇은 미송합판으로 가리거나 기성 테이프를 사용하여 가리기도 한다. 테이프 뒷면에는 양면테이프가 붙어 있어 시공은 간단하지만, 책을 넣고 뺄 때 걸려서 간혹 떨어지는 경우도 있다. 그리고 책장은 책으로 인한 무게감으로 책장의 세로 칸막이 간격은 600mm 이하로 만드는 것이 무난하며, 간격이 커질수록 무게감으로 인하여 가로로 된 판은 쉽게 휜다.
- 칸막이벽에는 럼버코어 합판 30mm를 사용하거나 18mm를 두 장 정도 합쳐서 사용하기도 한다. 절단면이 노출되는 경우 역시 무엇인가에 의한 처리가 필요하다.

R129

Q LVL이란 무엇입니까?

A 단판(홑판)을 섬유방향이 일치하도록 붙인 단판 적층재입니다.

◐ 합판은 단판의 섬유방향이 직교하도록 붙였지만 LVL은 섬유방향이 서로 일치하도록 평행으로 붙인다. 강도에는 방향성이 있어 긴 판을 만들기 쉬우므로 기둥이나 보의 구조재, 천장몰딩의 치장재 코어, 가구의 중심 재료 등에 사용되고 있다.

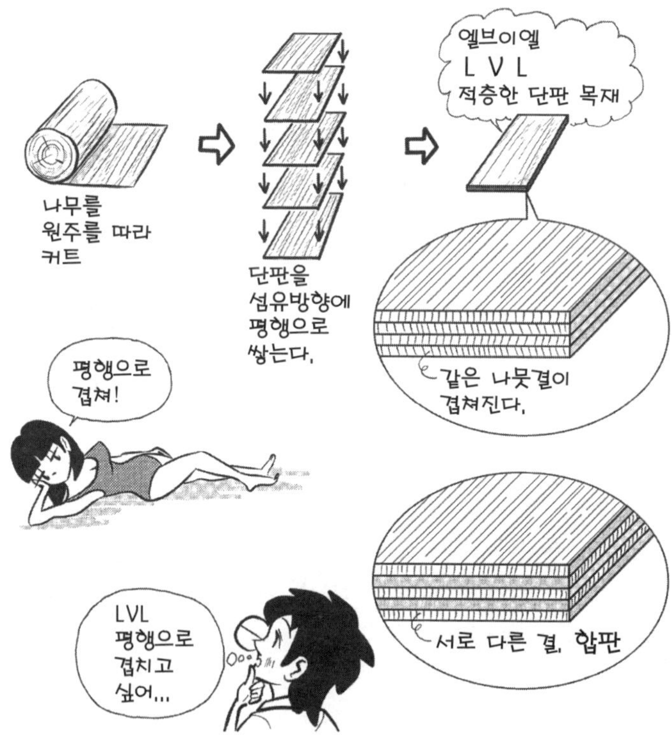

• LVL이란 'Laminated(적층한) Veneer(단판) Lumber(목재)'의 약어이다. 휘어짐에 대한 강도가 높고 안정되어 있다. 다른 순수한 판에 비하여 휨 정도가 적고 제품의 균일성이 우수한 특성이 있다.

Q OSB란 무엇입니까?

A 얇은 나뭇조각을 접착제로 고정시킨 판입니다.

◐ 나뭇조각의 크기는 제품에 따라 여러 가지가 있다.

- OSB는 'Oriented Strand Board'의 약어로 직역하면 '방향을 맞추어(Oriented) 합친(Strand) 판(Board)'을 말한다. 나뭇조각은 어느 정도 방향이 일치되어 있지만, 층에 따라 그 방향이 직각이 되도록 만들어진 것도 있어 강도는 어느 정도 있다.
- 밑바탕재로 개발된 것이지만 소재감, 겉모습에서 오는 재미로 인해 내장마감으로도 자주 사용되고 있다. 제품에 따라 표면이 거칠거나 성긴 것이 있으므로 마감재로 사용할 경우에는 제품을 잘 고르는 주의가 필요하다.

Q MDF란 무엇입니까?

A 목재의 섬유를 단단하게 한 섬유판 중에서 밀도, 강도가 중간 정도의 중질섬유판을 말합니다.

◐ 가구나 건축의 밑바탕재로 널리 사용되고 있다.

섬유판
- 연질섬유판 = 인슐레이션보드
- 중질섬유판 = MDF (Medium Density Fiber board)
- 경질섬유판 = 하드보드

- MDF는 'Medium Density Fiber board'의 약어로 직역하면 '중간정도 밀도의 섬유판'이다. 네 개의 영어단어를 외우기보다는 'MeDium → MD → MDF'라고 외우는 것이 쉬울 것이다.
- 연질의 섬유판은 인슐레이션보드, 경질의 섬유판을 하드보드라고 한다. 인슐레이션(insulation)은 단열, 차음, 절연을 의미하고, 경질섬유판은 구조용 판재로 사용할 수 있다.

Q 파티클보드란 무엇입니까?

A 나뭇조각을 접착제로 응고시켜 고온 · 고압으로 성형시킨 판입니다.

◐ 가공판을 붙여 가구재로 사용하는 경우가 많다. 나뭇조각의 크기 순으로는 OSB > 파티클보드 > MDF 순이다.

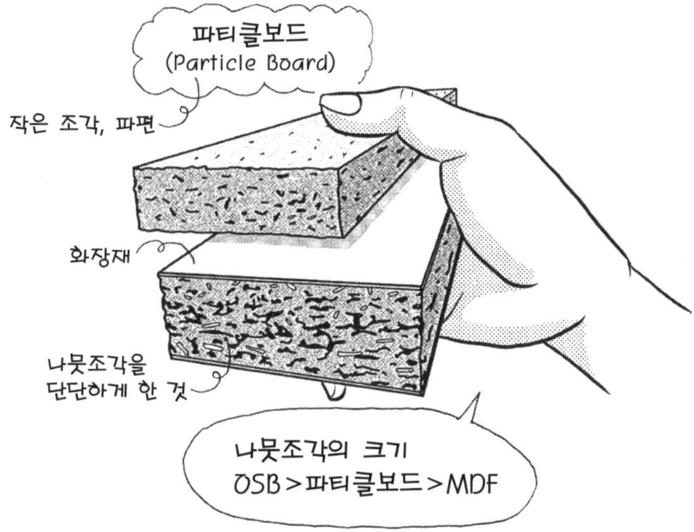

- 파티클(Particle)은 '작은 조각, 파편'이라는 의미로 파티클보드(Particle Board)는 그것들을 모은 판이고, 일반적으로 강도는 작지만 구조재용 제품도 있다.

파켓(쪽매세공한 마루)

Q 파켓란 무엇입니까?

A 바닥의 나무쪽을 짜맞추는 것입니다.

◐ 파켓 바닥이란 작은 나무판을 쪽매처럼 모아 바닥마감재로 만든 것이다. 파티클과 비슷한 단어이기 때문에 여기서는 둘 다 외우는 것이 좋다.

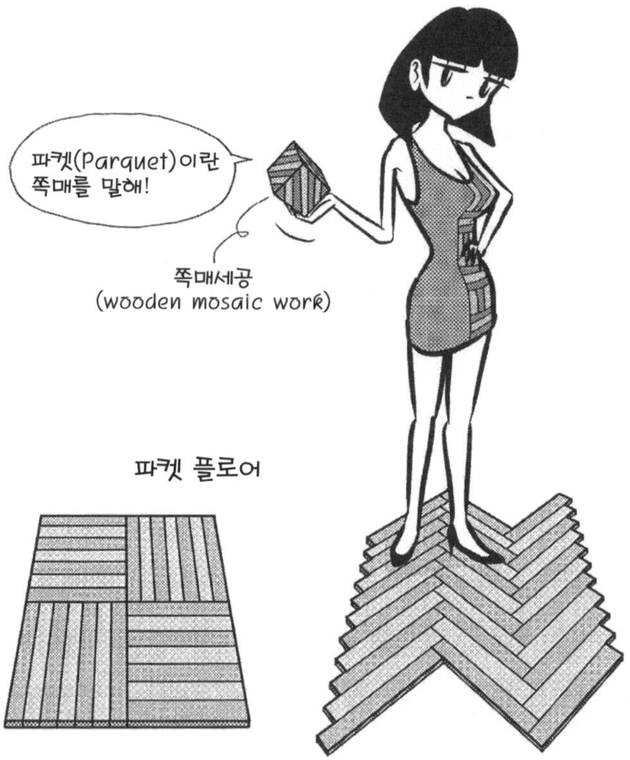

- 파켓 플로어는 예전에는 초등학교의 교실 바닥에 많이 사용되었으나 현재, 학교의 바닥은 긴 염화비닐수지 시트(롤로 말아진 길고 얇은 염화비닐시트)를 많이 사용하고 있다. 재료는 시트를 깔기 때문에 얇은 가공판이 붙여진 플로어링재보다 단가가 높다.

Q 집성재란 무엇입니까?

A 작은 각재를 접착시켜 만든 판입니다.

◐ 기둥, 보 같은 구조재, 카운터 등에 사용하는 치장재가 있다.

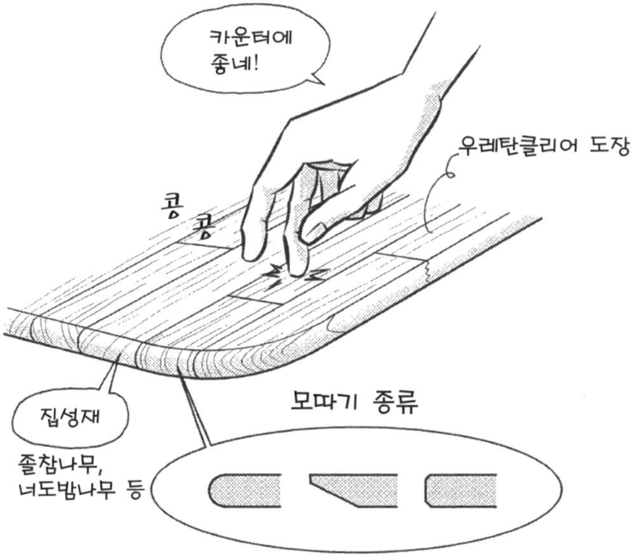

- 목재를 카운터로 할 경우 표면에 우레탄클리어(투명니스)를 칠하여 투명한 도막을 만들어 카운터의 표면을 보호하고, 졸참나무, 너도밤나무 등의 단단한 나무를 재료로 하는 경우가 많다.
- 각을 만들거나 모서리를 사선, 둥글게 깎는 것을 모따기라고 하며, 카운터는 사람의 손이나 몸이 닿는 곳이기 때문에 모따기를 해 둔다.

R135 석고보드－1

Q 석고보드란 무엇입니까?

A 석고를 단단하게 한 판의 양면에 종이를 붙인 것입니다.

◐ 가격이 싸며, 불에 강하여 실내의 벽이나 천장의 밑바탕재로 많이 사용되고 있다.

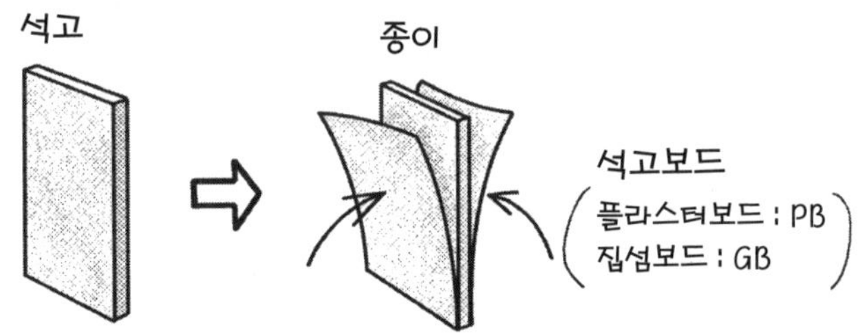

- 석고보드는 플라스터보드라고도 하고, 영어로는 'Plaster board'나 'gypsum board'라고 하며, 약호는 PB, GB 둘 다 사용한다. 두께 12.5mm의 석고보드는 PB T12.5라든지 GB T12.5 등으로 표기한다.
- 플라스터는 석고를 말한다. 석고는 물을 섞으면 단단해지는 성질이 있고, 하얀 석고상은 그 성질을 이용하여 만든 것이다.
- 석고보드 위에는 벽지를 바르거나 수성도료를 칠하기도 한다.

Q 석고보드의 결점은 무엇입니까?

A 부서지기 쉬우며 나사나 못을 사용할 수 없는 점 등이 있습니다.

◐ 나사나 못을 사용할 수 없기 때문에 나중에 석고보드에 무엇인가를 걸거나 붙이려고 할 경우 그 부분에는 콘크리트 패널로 하여 보드앵커 등의 공구 같은 것들을 사용하는 디자인이 필요하다.

• 불에 강한 반면, 부서지기 쉬운 결점도 있고, 석고상은 떨어지면 부서진다.

Q 보드앵커란 무엇입니까?

A 석고보드에 나사를 끼울 수 있도록 하는 스크루 모양의 날이 붙어 있는 공구입니다.

◐ 알루미늄제, 수지제가 있다. 보드앵커를 사용할 경우 임팩트 드라이버를 사용하지 말고 손으로 돌려가며 넣는다.

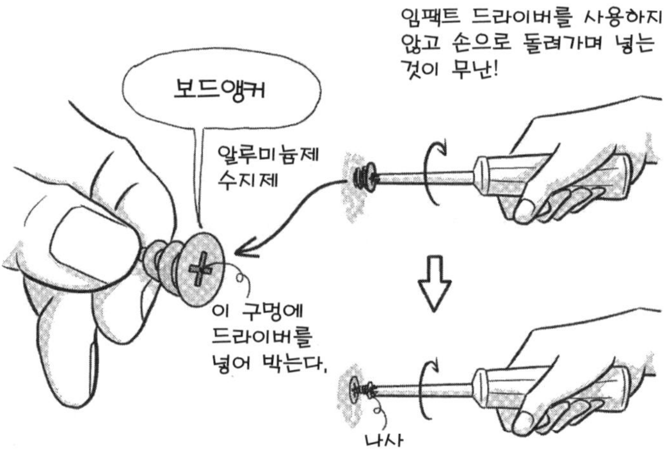

- 앵커(anchor)는 '배의 분노'가 어원으로 보드앵커는 '보드에 고정시키는, 보드에 고정하는'이라는 의미이다.
- 임팩트 드라이버란 회전방향에 충격(임팩트)을 가하여 나사를 돌리는 드릴이다. 구멍을 뚫는데 통상적으로 사용하여 공사현장에서는 귀중한 공구이다. 임팩트 드라이버를 사용하여 보드앵커를 박을 경우 회전이 너무 강하여 석고보드가 부서지기도 하므로 사용할 경우에는 스위치를 반 정도만 눌러 회전을 약하게 하여 박는다. 그러나 필자는 반 정도만 눌러 사용하여도 몇 번이나 실패하였다. 실패하면 보드에 큰 구멍이 생겨 복구가 어려우므로 보드앵커는 손으로 돌리는 것이 무난하다.

Q 벽, 천장의 밑바탕재에는 몇 mm의 석고보드를 사용합니까?

A 벽의 밑바탕재에는 12.5mm, 천장의 밑바탕재에는 9.5mm를 사용하는 것이 일반적입니다.

◐ 벽은 사람이나 가구 등이 쉽게 닿는 곳이기 때문에 두께가 있는 판을 사용한다. 석고의 두께 12mm+종이두께 0.5mm로 12.5mm이다. 석고보드의 두께 12.5mm, 9.5mm는 외워두자.

• 차음성을 높이기 위해 벽을 12.5mm로 이중으로 하여 천장 위까지 올린다.

Q 석고보드 조인트공법이란 무엇입니까?

A 퍼티와 망사로 된 조인트 테이프를 사용하여 보드의 이음매가 보이지 않고 한 면이 되도록 하는 공법입니다.

◐ 퍼티는 점성이 있는 도료재로 건조해지면 단단하다. 퍼티만으로는 부서지기 때문에 망사로 된 조인트 테이프를 붙인다. 퍼티가 단단하게 굳으면 사포질을 하여 더욱 더 면이 평활하게 되도록 하고, 평활해진 면에 도장을 하면 전체가 한 면이 된 것처럼 깨끗한 평면으로 완성된다.

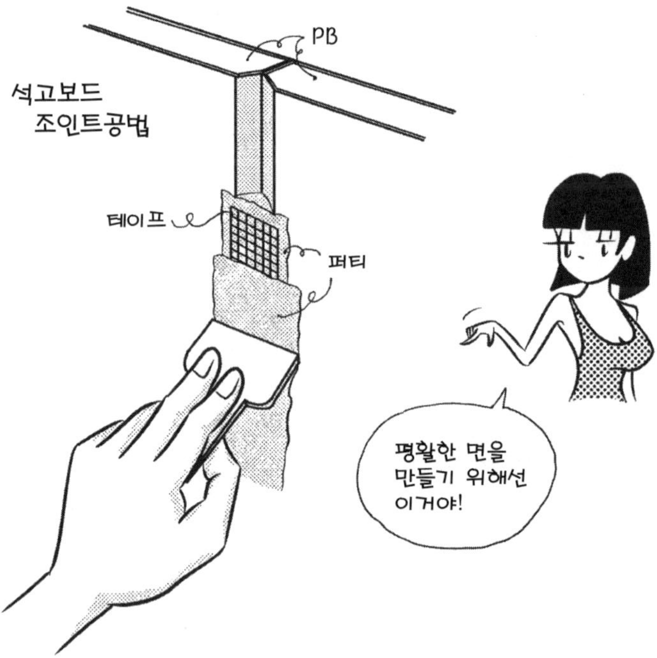

• 벽지를 바르는 경우에도 조인트공법을 사용하는 것이 가장 좋지만, 아직까지는 적극 이용되지 않는다. 조인트공법을 하지 않은 보드의 경우 시간이 흐를수록 보드의 이음매에 공간이 생겨 벽지가 찢어지는 경우도 있다.

Q 하얀 벽이나 천장을 만들기 위해 어떻게 합니까?

A 석고보드에 흰색 도장을 하거나 하얀 벽지를 바르거나 합니다.

◐ 르 코르뷔지에의 작품에서 대표되는 근대건축물에서는 하얀 벽, 천장이 많이 나타난다. 현대의 추상적인 하얀 면을 만드는 데 석고보드를 조인트공법으로 한 면으로 만들어 그 위에 페인트 시공을 하거나 하얀 벽지를 바르는 것이 일반적이다.

- EP라는 것은 '에멀션페인트'의 약어로 수성도료의 한 종류이다. 아크릴 등의 수지를 물에 유화시킨 도료이다. 도장이나 벽지로 완전한 흰색으로 하는 경우는 거의 적으며 회색이나 베이지로 하는 경우가 많다. 더러움도 눈에 잘 띠지 않고 눈의 피로감도 적기 때문이다.
- 회반죽칠로도 하얀 벽을 만들 수 있지만 가격이 비싸고, 균열이 생기기 쉬운 단점이 있다.

Q 치장석고보드란 무엇입니까?

A 석고보드의 표면에 울룩불룩한 느낌의 재질감을 넣거나 나뭇결 및 석재 느낌의 시트를 붙인 석고보드입니다.

◐ 표면에 트래버틴(석재의 일종)풍의 구멍을 낸 석고보드는 마감이 필요 없이 싼 가격으로 교실이나 사무실의 넓은 천장 마감으로 널리 이용되고 있다.

- 집튼을 천장마감에 이용할 때에는 흰색의 나사를 사용하고, 반자틀(천장을 지지하는 각재)에 집튼을 나사로 고정시키면 되므로 공사가 간단하다. 집튼의 두께는 일반적인 석고보드와 같이 9.5mm, 크기는 910mm×910mm가 일반적이다.
- 일본의 전통적인 방의 천장에는 나뭇결로 마감된 석고보드를 자주 사용한다. 인쇄기술이 발달하고, 천장이라는 높은 곳의 마감에 이용되기 때문에 진짜 나무처럼 보이는 제품도 나와 있다. 잘 타지 않는다는 장점을 갖고 있다.

Q 석고라스보드란 무엇입니까?

A 모르타르, 회반죽 등의 미장공사를 할 때 이용되는 바름벽, 구멍이 많이 뚫린 석고보드입니다.

◐ 구멍이 많이 뚫려 있어 모르타르 등의 미장공사를 할 때 자주 사용된다. 라스보드라고 하는 경우도 있다.

- 라스(lath)는 바름벽의 밑바탕재로 하는 가늘고 긴 나무를 말한다. 가늘고 긴 나무를 고정시키고 그 위에 방수지와 쇠그물을 붙여 그 위에 칠을 한다. 쇠그물을 라스라고 부르는 경우도 있고, 석고라스보드의 두께는 9.5mm로 그 위에 15mm 정도의 칠두께가 더해진다.
- 내장용으로 자주 이용되고, 외장용으로는 합판 위에 거친 느낌의 시멘트를 바른 제품(라스커트)이 있다.

R143

Q 시징석고보드(일본의 공업규격에 따른 보드 이름)란?

A 습기가 많은 장소의 밑바탕재로 사용, 방수성이 있는 석고보드입니다.

◐ 종이와 석고에 방수가공이 되어 있어 수분을 먹어도 변형이 적은 보드이다. 세면실, 부엌 등의 밑바탕재로 사용하고, 내수석고보드라고도 한다.

- 시징석고보드는 영어로 'gypsum sieging board'라고 한다. Siege란 '포위하다, 둘러싸다'의 의미이다.
- 일반적인 석고보드가 엷은 황색의 종이가 붙여져 있는 것에 반하여 시징석고보드에는 푸른빛의 종이가 붙여져 있다. 부엌, 세면실 등에 사용하여 그 위에 벽지나 도장, 타일을 접착하는 것도 가능하다.

Q 콘크리트면, ALC(경량기포콘크리트)면, 발포우레탄면에 석고보드를 붙이려면 어떻게 합니까?

A 목공용 본드의 접착제로 붙이는 것이 일반적입니다.

◐ 목공용 본드를 100~300mm 간격으로 둥글게 발라 그 위에 보드를 눌러가며 붙인다.

- 콘크리트벽 내측에 목공이나 경량철골공사로 벽의 밑바탕을 만드는 방법도 있지만 어느 정도 시간이 걸린다. 석고보드는 콘크리트바닥에 붙이면 석고가 물을 흡수하기 때문에 작은 나뭇조각으로 석고보드의 밑을 받쳐 바닥으로부터 살짝 올려 시공한다.
- 목공용 본드의 두께는 10~15mm 정도, 단열재는 30~35mm 정도, 석고보드는 12.5mm이므로 콘크리트면으로부터의 보드표면까지는 60mm 정도가 된다.

Q 석고보드로 곡면의 천장이나 벽을 만들 수 있습니까?

A 유리섬유 부직포가 들어간 석고보드를 이용하면 가능합니다.

◐ 잘 부서지지 않도록 유리섬유가 들어간 석고보드가 시판되고 있다. 곡면을 만들 때는 샛기둥이나 반자틀을 많이 넣어 그것에 곡면용 석고보드를 눌러가며 붙여나간다.

• 보통의 석고보드로도 칼집을 여러 군데 내면 구부리는 것이 가능하다.

Q 암면흡음판이란 무엇입니까?

A 암면(rock wool)으로 만들어진 판으로 불연성, 흡음성, 단열성이 있습니다.

◐ 표면이 부드럽고 울퉁불퉁하며 면이 고르지 않아 음을 잘 흡수한다. 두께는 12mm, 15mm 등이 있으며 석고보드를 반자틀에 고정시킨 다음 그 위에 접착제로 붙이므로 나사의 머리는 보이지 않는다.

- 음이 울리기 쉬운 식당, 강당, 사무실 등의 천장에 자주 사용한다.
- 석면은 발암성이 있어 현재는 사용할 수 없다.

Q 규산칼슘판이란 무엇입니까?

A 내수성, 내화성이 있는 무기질계의 판입니다.

◐ 부엌, 세면실의 벽, 욕실 천장 등의 습기가 많은 장소에 사용한다.
못이나 나사를 사용할 수 있으며 타일, 도장, 벽지에 의한 마감이 가능하다.

- 규산칼슘은 $CaSiO_3$ 분자식을 갖는 규산(Si)의 화합물로 시멘트와 섬유를 섞어 만든 판이다. 석고보드는 표면이 종이이므로 도장은 가능하지만 규산칼슘판은 표면이 거칠어 실러를 칠하여 표면을 매끄럽게 할 필요가 있다. 가공된 규산칼슘판도 있다.
- 무기질계란 목질계가 아닌 시멘트를 주원료로 했다는 의미로 석고보드도 무기질계의 한 종류이다. 시멘트만을 굳힌 판은 쉽게 부서진다. 섬유질을 넣어 부서지지 않도록 만든 것이 섬유강화 시멘트판(슬레이트판)으로 규산칼슘판, 플렉시블보드, 대평판 등이 있다. 대평판은 시멘트의 느낌이 강한 회색판으로 못이나 나사를 사용하면 부서지므로 드릴로 구멍을 뚫은 다음 나사를 고정시키고, 섬유강화 시멘트판은 외장용으로 처마의 천장에 사용한다.

Q 인공대리석이란 무엇입니까?

A 아크릴수지나 폴리에스테르수지를 주성분으로 한 대리석풍의 소재입니다.

◐ 내수성, 내구성이 있어 부엌이나 세면실의 카운터, 욕조, 테이블의 윗판 등에 사용되고 있다.

- 듀폰사의 코리안, 클라레의 노블라이트 등의 제품이 있다. 둥근톱으로 절단, 드릴로 구멍뚫기 등이 가능하다.
- 대리석의 미세한 입자를 시멘트로 굳힌 소재는 테라조 또는 인조대리석이라고 한다. 한편, 인공대리석은 대리석에는 전혀 들어 있지 않은 수지가 들어 있는 단단한 소재이다.

Q 플로어링이란 무엇입니까?

A 갈고리에 의해 연결된 바닥재입니다.

◐ 천연 그대로의 가늘고 긴 판을 한 장, 한 장 갈고리(끼워넣기 위해 움푹 들어간 부분)로 연결하여 바닥에 까는 형식이다. 현재는 합판 표면에 얇은 치장재(무늬목)가 붙은 303mm 폭의 판을 갈고리로 연결하여 바닥에 까는 것이 일반적이다.

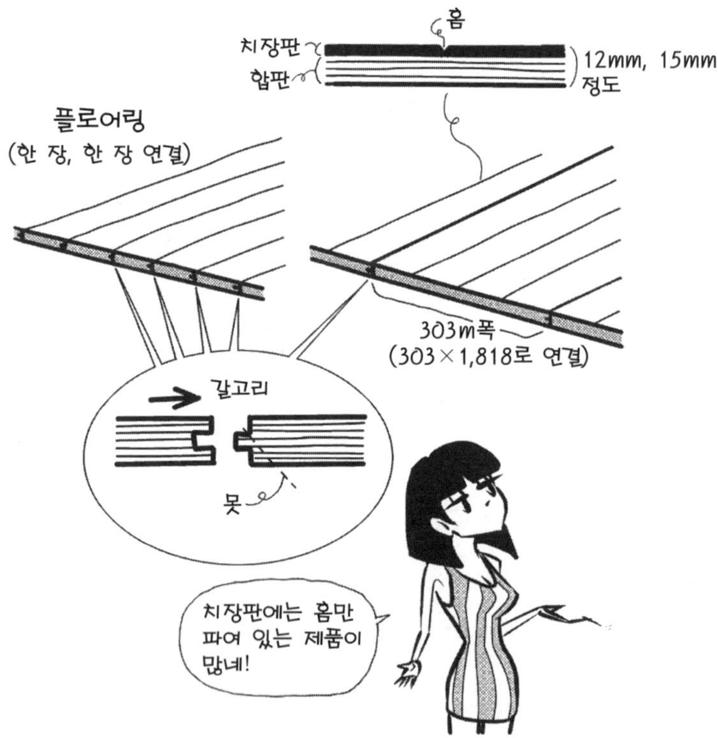

• 일반적으로 303mm×1,818mm판 6장을 한 상자에 담아 1평 단위로 판매하고 있다. 최하급에서 최상급까지 여러 종류가 있다. 플로어링판의 두께는 12mm, 15mm를 많이 사용한다.

Q 플로어링 밑바탕재로는 무엇을 사용합니까?

A 12mm, 15mm 두께의 합판을 사용합니다.

◐ 약 300mm 간격으로 놓인 마룻귀틀(바닥재를 지탱하는 각재) 위에 콘크리트 패널, 구조용 합판 등의 12mm나 15mm의 합판을 깔고 그 위에 플로어링을 못과 접착제를 사용하여 붙인다. 예산이 적을 경우 마룻귀틀 위에 접착 플로어링을 붙이는 경우도 있지만, 플로어링이 쉽게 휘는 경우도 있다.

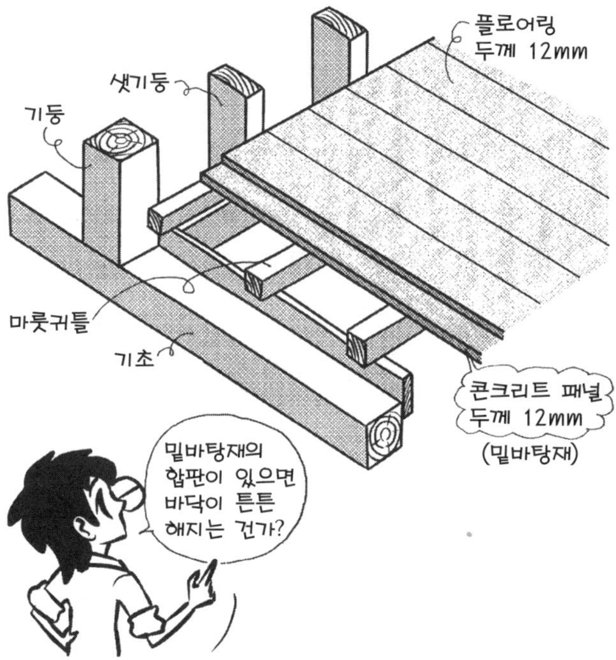

- 콘크리트 위에 직접 붙이는 플로어링도 있다. 이 경우에 모르타르로 콘크리트 면을 고르게 한 뒤 접착제로 붙인다.
- 2층 바닥의 경우 마룻귀틀을 사용하지 않고, 보에서 보까지 합판을 걸치는 공법도 있다. 이 경우, 합판은 24mm, 28mm 정도의 두꺼운 합판을 사용한다. 스팬이 멀어지는 만큼, 합판이 휘지 않고 바닥울림이 없도록 하는 노력이 필요하다.

Q 쿠션 플로어(cushion floor)란 무엇입니까?

A 모양이 인쇄된 수지시트 뒤에 쿠션이 붙은 바닥재입니다.

◐ 가격이 싸며 물에 강하여 부엌, 세면실, 화장실의 바닥재로 자주 사용되고 있다. 'Cushion Floor'의 첫 영문자를 따서 CF시트라고 부르는 경우도 있다. 가구를 놓은 경우 움푹 팬 자국이 남는 것이 결점이다.

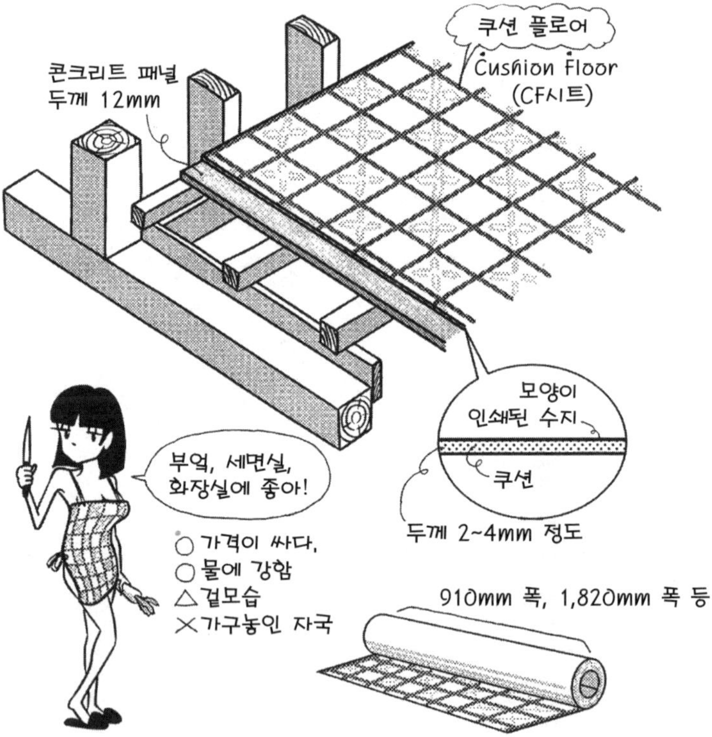

• 12mm 정도의 합판 위에 양면테이프로 접착하고, 커터로 잘리기 때문에 시공이 간단하다. 두께는 1.8mm, 2.3mm, 3.5mm 등이 있다.

Q 다다미의 두께는 얼마입니까?

A 볏짚으로 만든 다다미는 55mm, 60mm 정도, 폴리스티렌폼으로 만든 다다미는 30~50mm 정도입니다.

◐ 다다미바닥은 다다미의 대, 받침이 되는 부분으로 그 위에 짚 등의 돗자리를 깐다. 폴리스티렌폼을 다다미바닥으로 하는 다다미로 스티렌 다다미라고 부르는 경우도 있다.

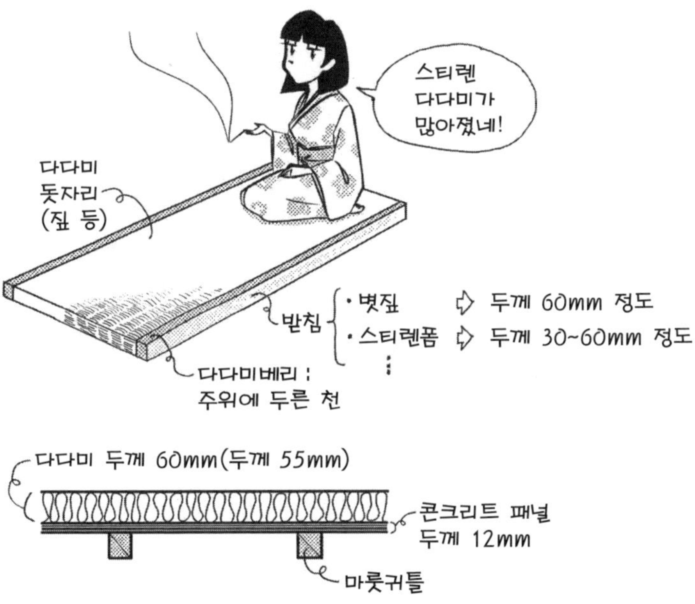

- 다다미를 깐 도꼬노마(일본건축에서 다다미방 정면에 바닥을 한 층 높여 만들어 놓은 곳)나 다다미 위에서 직접 자는 것을 다다미도꼬라고 하는 경우도 있다. 플로어링, 쿠션 플로어, 다다미는 일본주택의 3대 바닥재라고 할 수 있다.
- 스티렌 다다미는 볏짚으로 만든 다다미에 비하여 가격이 싸며 가볍고 습기에 강하고 곰팡이나 진드기가 발생하지 않고 단열성도 좋은 편이다. 더욱이 두께도 볏짚 다다미에 비해 반 정도 얇아 많이 보급되고 있다.

R153

Q 장척염화비닐시트란 무엇입니까?

A 롤로 판매되고 있는 염화비닐제의 바닥재입니다.

◐ 두께는 2mm 정도이며 표면에 색이나 모양이 인쇄되어 있다. 내구성, 내수성이 있어 학교, 병원, 사무실, 공장 등의 바닥마감재로 많이 이용되고 있다. 장척염화시트, 염화바닥시트, 비닐바닥시트 등으로도 불리고 있다.

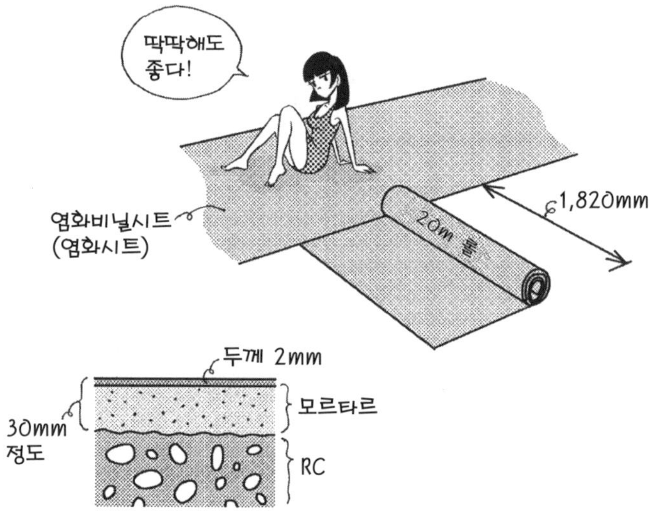

- 장척이란 긴 치수를 말하는 것으로 롤 상태로 거래되는 것을 말한다. 1,820mm 폭으로 길이가 20m나 9m 등이 있다.
- RC조의 바닥에 붙이는 경우에는 울퉁불퉁하지 않게 하기 위해 모르타르로 바닥을 평평하게 한 다음 붙인다. 이 경우에 콘크리트면부터 마감재(시트)까지는 약 30mm 정도가 된다.
- 주택용 쿠션 플로어와는 다른 것이지만 쿠션 플로어를 가리켜 염화시트라고 하는 경우도 있다. 장척염화시트는 주택에 사용하기에 너무 딱딱하다. 아파트의 공용복도, 공용계단에는 뒷면에 쿠션이 붙어 있는 염화시트도 있다. 쿠션이 있으므로 구두 발자국 소리 같은 소음이 잘 들리지 않는다.

R154

Q 비닐바닥타일이란 무엇입니까?

A 타일형태로 절단된 염화비닐판으로 표면에 색이나 울퉁불퉁한 재질감이 입혀진 바닥재입니다.

◐ 장척염화비닐시트와 같이 내구성, 내수성이 있다. 플라스틱(Plastic : 합성수지)의 한 종류로 영문자의 첫 글자를 따서 P타일이라고 부르거나 바닥(floor)에 붙이기 때문에 플로어타일이라고도 한다.

- 표면에 나뭇결이 인쇄된 비닐바닥타일도 있다. 플로어링보다 바닥에 흠집이 잘 생기지 않으며 물에도 강하기 때문에 부엌이나 주방 바닥에 플로어링 대신 사용한다. 리폼공사시 플로어링 위에 붙이는 경우도 있다. 인쇄기술이 향상되어 멀리서 보면 진짜 목재인지 수지재인지 구분이 불확실할 정도이다.
- 바닥에는 접착제로 붙이는 제품이 많지만 시트 뒷면에 처음부터 양면테이프가 붙여져 있어 곧바로 붙일 수 있는 제품도 있다. 두께는 2mm, 3mm 정도의 것이 있다.

R155

Q 타일 카펫이란 무엇입니까?

A 600mm×600mm 정도로 타일 모양으로 잘라진 카펫입니다.

◐ 오피스, 점포 등에서 자주 사용되며 두께는 6mm 정도이다. 미끄럼방지 고무가 안쪽에 있고 접착의 필요가 없으며 콘크리트의 위에 까는 것만으로도 좋다.

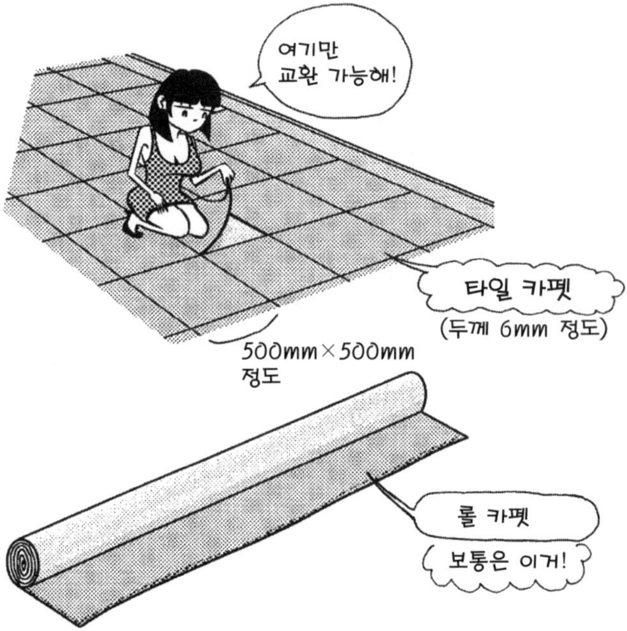

- 오염되면 그 부분만 떼어 교환이 가능하다. 카펫은 보통 말아진 상태의 롤 카펫으로 반입되지만 롤 카펫을 방 전체에 까는 경우, 일부분만 오염되더라도 전체를 교환해야 한다.
- 바닥 밑을 띄워서 배선류를 넣는 OA플로어의 경우, 타일 카펫을 뜯고 유닛상의 바닥판을 올리는 것만으로도 배선의 보수가 가능하다.
- 카펫의 털 부분을 파일이라고 한다. 타일 카펫의 파일은 루프로 된 루프파일로 길이는 3mm 정도이다.

Q 그립공법이란 무엇입니까?

A 못의 끝을 위로 향하게 하여 낸 나무(그립)를 벽 옆에 박아서 카펫을 고정시키는 공법입니다.

◐ 카펫을 방 전체에 깔기에는 그립공법을 사용하는 것이 일반적이다.

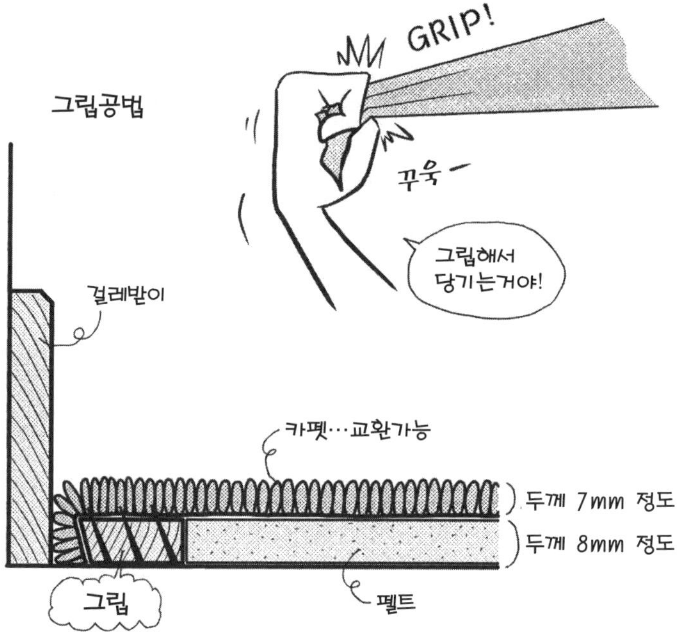

- 그립(grip)이란, 골프클럽이나 테니스 라켓의 그립과 같이 확실히 잡다 혹은 잡는 부분을 가리킨다. 그리퍼(gripper)란 잡는 도구를 의미한다.
- 주택에서 카펫을 전체적으로 깔기보다는 플로어링 위에 부분적으로 카펫을 까는 경우가 많아졌다. 호텔에서는 신발 소음에 대한 대책으로 카펫으로 마감하는 경우가 많다.

Q 카펫의 파일 형태는 어떤 것이 있습니까?

A 컷(cut)과 루프(loop)가 있습니다.

◐ 문자 그대로 컷은 끝을 자른 형태이고, 루프는 고리 모양의 형태이다.

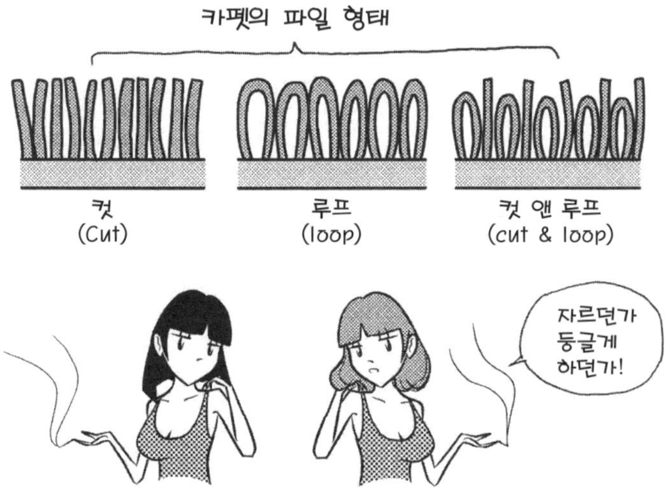

• 컷과 루프를 섞은 컷 앤 루프도 있다. 브러시의 솔 끝과 같이 가지런히 잘라진 컷을 브러시(brush)라고 한다. 또, 높이가 다른 루프의 타일을 멀티 레벨 루프라고 한다.

Q 샤기 카펫이란 무엇입니까?

A 파일이 두껍고 긴 카펫입니다.

◐ 푹신푹신한 느낌의 카펫으로 작은 러그(rug)에 자주 사용된다.

- shaggy란 '털복숭이, 보풀이 일다'라는 의미가 원래의 뜻이며, 이에 털이 두껍고 긴 카펫을 '샤기 카펫'이라고 하게 되었다. 파일의 길이는 30mm 이상이 많다. 헤어스타일에서 샤기는 머리카락 끝을 맞추지 않고 얇게 쳐서 볼륨을 서서히 떨어뜨려 듬성듬성한 느낌, 부석부석한 느낌을 내는 것을 말한다.
- 러그란 바닥 일부에 까는 깔개를 말하고, 샤기의 작은 카펫을 샤기 러그라고 하는 경우도 있다.

R159

Q 니들 펀치 카펫(needle punch carpet)이란 무엇입니까?

A 섬유를 겹쳐 기계바늘로 찌르고 나서 맞추는 펠트 상태의 카펫입니다.

◐ 파일이 없고 까칠까칠한 딱딱한 감촉의 저렴한 가격의 깔개로 상업시설 및 오피스 등에 사용된다.

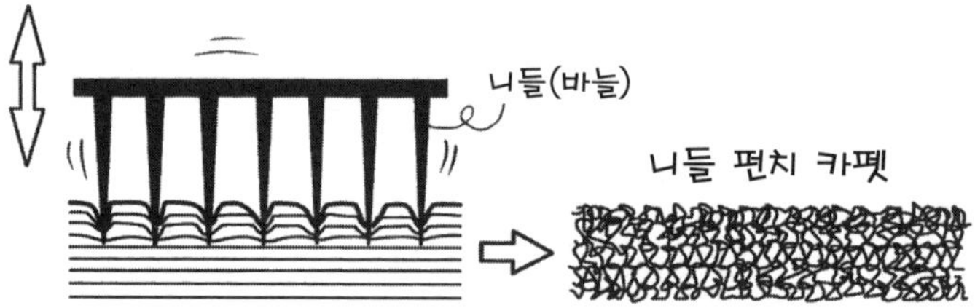

- 파일이 없기 때문에 카펫 특유의 부드러움이나 푹신푹신한 느낌은 없다. 설계 사무소 바닥에 깐 적이 있는데 내구성은 높고, 거친 사용에도 잘 찢어지지 않았다.

Q 방의 크기에 대하여 카펫을 까는 방법은 어떤 것이 있습니까?

A 아래 그림과 같이 전면 깔기, 중앙 깔기, 부분 깔기가 있습니다.

◐ 그립공법(R156 참조)을 이용하여 방 전체에 까는 것이 전체 깔기, 방의 크기보다 조금 작은 카펫을 방의 가운데 까는 것이 중앙 깔기, 방의 극히 일부에 까는 것이 부분 깔기이다.

• 청소와 교환의 용이함, 비용 등의 이유로 주택에서는 전체 깔기는 감소하고 있으며, 방은 플로어링으로 마감하고 카펫을 중앙 깔기나 부분 깔기로 하는 예가 많다.

R161

Q 자기질타일과 도기질타일의 다른 점은 무엇입니까?

A 도기질은 자기질에 비해 흡수성이 있고 오염되기 쉽습니다.

◐ 자기와 도기의 차이점은 점토의 양, 규석과 장석의 양, 소성온도의 차이이다. 자기는 돌, 도기는 흙으로 불리는 것은 그 성질을 말해준다. 일반적으로 밥공기는 자기가 많은 것 같다.

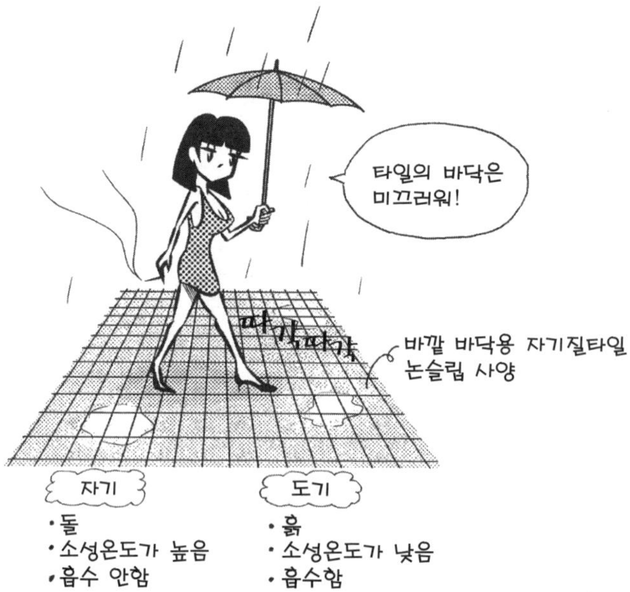

- 타일은 카탈로그에는 바닥용, 벽용, 욕실 바닥용, 현관 바닥용, 내부용, 외부용 등으로 지정되어 있다. 바닥에는 미끄러지지 않고 깨지지 않는 타일이 사용된다. 그래도 힐이 높은 구두 및 비 오는 날의 젖은 타일 면은 미끄러지기 쉬워 상점 및 현관의 바닥에는 미끄러지지 않는 것을 우선으로 하는 재료를 선택할 필요가 있다.
- 자기보다 약간 흡수율이 뒤떨어지는 것을 석기라고 한다. 흡수율은 자기가 1% 이하, 석기가 5% 이하, 도기는 22% 이하이다. 적갈색의 클링커타일은 석기질타일의 한 종류이다.

Q 유란 무엇입니까?

A 타일을 굽기 전에 바르는 유약을 말합니다.

◐ 유약이라고도 하고, 「釉薬」이나 「釉」를 잿물로 읽는 경우도 있다. 타일 표면의 유리질을 강화하여 강도를 더하고 색과 광택을 더한다.

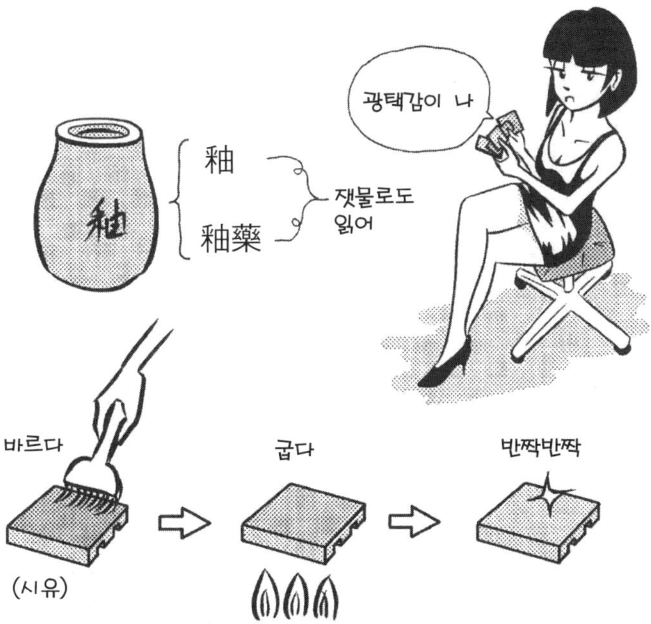

• 유약을 시행하는 것을 시유(施釉)라고 한다.

R163

Q 설구이 타일이란 무엇입니까?

A 유약을 바르지 않고 저온에서 구운 타일입니다.

◐ 적갈색, 짙은 갈색, 연한 갈색 등의 흙에 가까운 색깔로 표면이 까칠까칠한 타일이다. 적갈색의 화분도 설구이이다. 테라코타(terracotta tile)라고도 하고, 토방에 깔면 흙 느낌의 소박한 디자인이 된다.

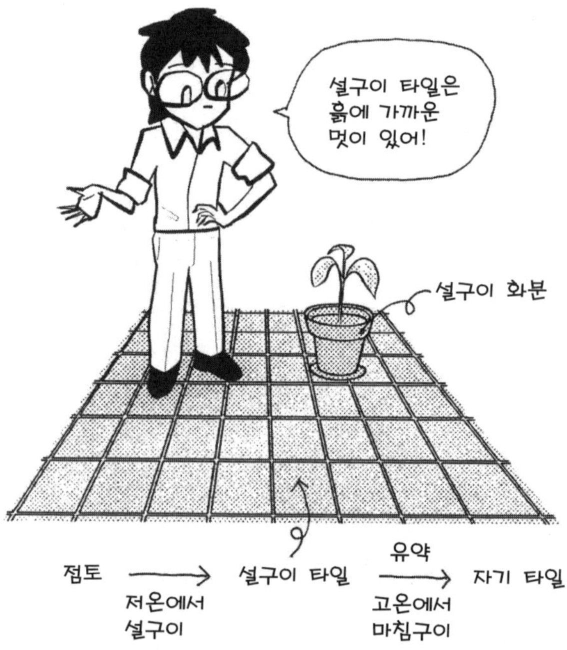

- 저온에서 설구이한 후에 유약을 바르고, 다음에 고온에서 마침구이를 한 것이 자기이다. 설구이는 마침구이 전의 상태이다. 흡수성이 있기 때문에 밖에 사용하는 경우는 클리어 도장한다.
- 테라코타의 테라는 이탈리아어로 '흙', 코타는 '굽다'라는 의미로 구운흙이 원뜻이다.

Q 코너 타일이란 무엇입니까?

A 코너에 붙이는 L자형과 같은 특수한 타일입니다.

◐ 튀어나온 모퉁이의 코너를 평타일로 붙이게 되면 절단면(두툼한 부분)이 보이게 되어 보기에 좋지 않다.

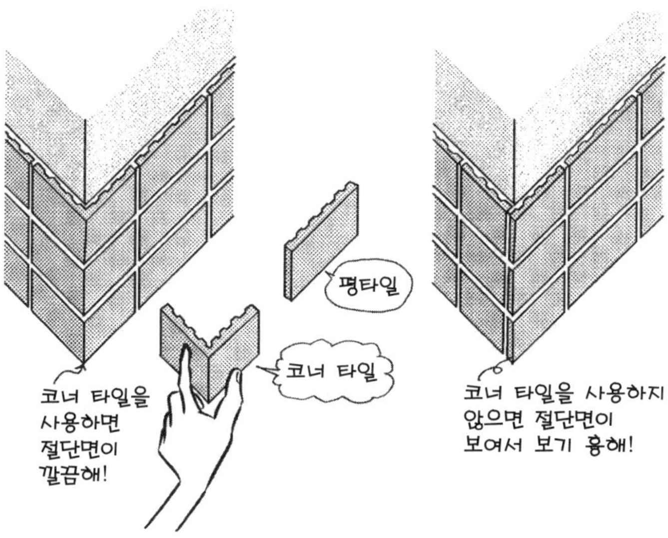

- 예를 들면 기둥에 타일을 붙이는 경우 코너에는 코너 타일을 사용한다고 지정하지 않으면 평타일을 사용해 버리는 경우가 있다. 코너 타일은 입체적인 만큼 가격이 높다. 평타일만으로 코너를 깨끗하게 마무리하려는 경우, 평타일의 절단면을 45도로 커팅하여 맞추는 「모서리 사선처리」(R191 참조)로 해야 한다.

Q 모자이크 타일(mosaic tile)이란 무엇입니까?

A 50mm×500mm 이하의 소형 타일을 말합니다.

◐ 색채가 풍부한 25mm×25mm의 모자이크 타일은 상업건축의 실내디자인에서 자주 사용되고 있으며, 자기질 외에 유리질도 있다.

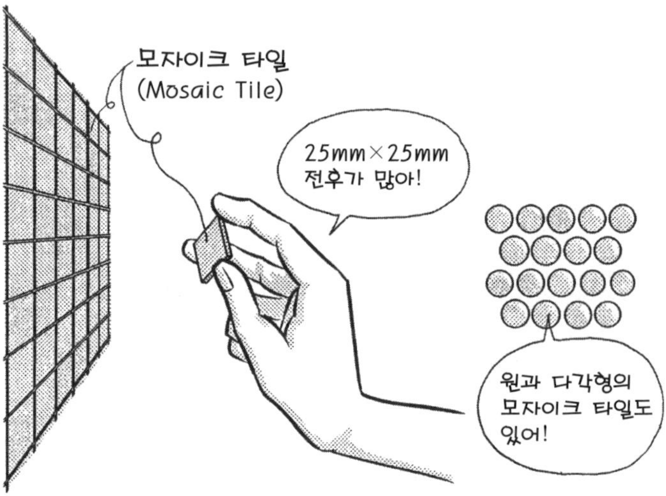

- 원형, 다각형의 모자이크 타일도 있다. 줄눈(이음새)을 종횡으로 통하게 하는 통줄눈과 엇갈린 치장줄눈 외에도 랜덤으로 붙이는 방법도 있다. 작은 타일이므로 곡면을 덮을 때에도 사용할 수 있다. 세면대에 모자이크 타일을 사용하는 경우도 있지만, 줄눈(이음새)이 오염되는 결점이 있다.
- 복수 타일이 300mm×300mm 정도의 대지에 붙여진 유닛으로 반입되어 벽에 종이 채 붙인 후 물을 뿌려서 대지를 떼는 유닛공법(유닛 타일 압착접착 공법)으로 붙여간다.

Q 통줄눈, 치장줄눈이란 무엇입니까?

A 통줄눈은 종횡으로 이음새가 통과하는 줄눈이고, 치장줄눈은 세로줄눈만 엇갈리게 하는 줄눈입니다.

- 타일은 벽돌쌓기를 간략화하는 것에서 왔다. 따라서 벽돌쌓기 방법이 타일의 줄눈에 영향을 미치고 있다.
- 줄눈을 일렬로 벽돌을 쌓으면 무게가 옆으로 퍼지지 않고, 균열이 쉽게 생기기 때문에 하지 않는다. 단지 타일의 경우에는 무게에 관계없이 작은 타일에는 통줄눈을 붙이는 경우가 많다. 작은 타일을 엇갈리게 붙이면 외관이 너저분해진다. 치장줄눈을 붙이는 경우는 일반적으로 큰 타일인 경우이다.

Q 폐쇄형 줄눈이란 무엇입니까?

A 줄눈폭을 전혀 확보하지 않는 형태를 말합니다.

◐ 타일과 돌을 붙이는 경우, 통상은 줄눈에 시멘트나 모르타르를 채운다. 외부에 이와 같은 방법을 사용하지 않으면 줄눈으로부터 물이 침입하기 때문이지만 실내디자인에서는 줄눈폭을 확보하지 않는 방법도 많이 사용된다.

- 줄눈폭이 있으면 거기에서 타일 분할을 조절할 수 있다. 예를 들어 5mm 가로폭이 부족한 경우, 10개의 줄눈이 있는 경우는 0.5mm씩 줄눈폭을 넓혀서 조절할 수 있다. 폐쇄형 줄눈의 경우는 타일을 잘라서 조절할 수밖에 없다. 치수의 여유가 없다는 것이다.

Q 화강암이란 무엇입니까?

A 마그마가 굳어져 생긴 화성암의 일종으로 내구성, 내수성, 내마모성이 뛰어난 석재입니다.

◐ 음영석이라고도 하며, 외장재로 쓰이는 석재는 거의 화강암이다.
내장재의 바닥, 벽에도 많이 사용되고, 바닥에 사용할 경우에는 미끄러지지 않도록 표면을 거칠게 하는 가공이 필요하다.

• 일본 국회의사당에도 화강암이 사용되었다. 성의 성벽, 묘석(묘비)에도 화강암을 많이 사용한다.

Q 대리석이란 무엇입니까?

A 기존의 돌이 고온 · 고압에 의해 변화, 재결정되어 생긴 변성암의 일종으로 하얗고 깨끗한 반면, 산에는 약한 결점이 있습니다.

◐ 그리스의 파르테논 신전, 인도의 타지마할 묘는 대리석으로 만들어졌다. 조각에도 자주 사용되었던 아름다운 대리석이지만, 칼슘을 함유한 알칼리성으로 산에는 약하여 산성비에 의해 거무스름하게 변한다.

- 파르테논 신전, 타지마할 묘는 반드시 한 번쯤은 봐야 할 건축물이다. 타지마할 묘는 색이 입혀진 돌이 하얀 대리석 벽면에 상감되어 우상이 없는 추상적인 장식이 정말로 아름다우며 인도건축을 돌아보는 여행을 할 때 무엇보다 감동을 한 건축물이었다. 유럽의 건축사를 기점으로 코르뷔지에가 예찬한 건축물인 파르테논 신전을 방문한 사람은 많지만 타지마할 묘는 단순한 관광지로 잘못 알고 있는 학생들이 많이 있다. 인도에서는 산치의 스투파와 함께 꼭 방문해보길 바란다.

Q 트래버틴이란 무엇입니까?

A 줄무늬 형태의 모양과 구조를 갖는 석회암의 일종입니다.

◐ 대리석과 모양은 비슷하지만 대리석만큼 단단하진 않으며 광택도 없다.

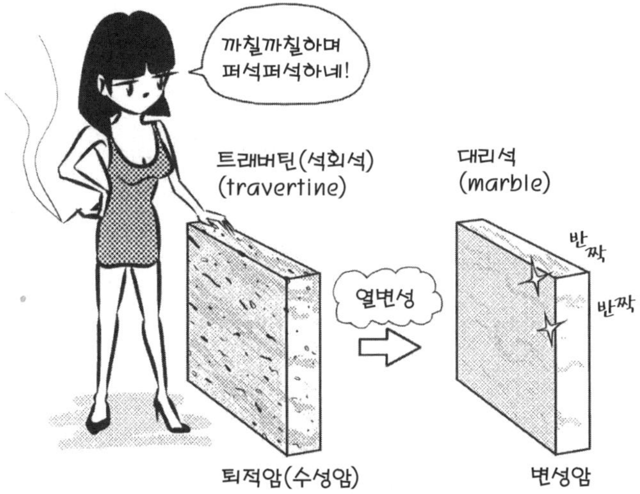

- 퇴적암(수성암)인 석회석이 열변성하여 재결정된 것이 변성암인 대리석이다.
- 트래버틴은 대리석과 같이 주성분은 탄산칼슘으로 알칼리성이다. 산에 약하며, 산성비에 의해 거무스름해지므로 대리석과 함께 외장재로 사용할 수 없으며, 내장재로 사용된다.

Q 사문암이란 무엇입니까?

A 뱀의 표피와 같은 모양을 갖은 짙은 녹색의 석재입니다.

◐ 짙은 녹색에 하얀 부분을 포함한 뱀의 표피와 같은 모양이며, 광택도 있기 때문에 차분하며 깊이 있는 실내디자인에 사용한다. 바닥, 벽, 카운터 상판 등에 사용된다.

- 모양이 있는 부분이 수분을 쉽게 흡수하기 때문에 외장재로는 적합하지 않다.
- 사문암은 감람석(화성암)이 변성되어 생성된 변성암이다.

Q 사암이란 무엇입니까?

A 모래가 수중에서 퇴적하여 굳어진 퇴적암(수성암)으로 표면은 거칠거칠 합니다.

◐ 표면이 샌드페이퍼(사포)처럼 거칠거칠하며, 수분이 스며들기 쉬우며, 때나 곰팡이가 생기기 쉬우므로 외장재로는 사용을 안 한다. 내수성 · 내산성이 뛰어나 내장재의 벽재로 많이 사용된다.

- 화성암 : 화강암
- 퇴적암(수성암) : 트래버틴(석회석), 사암 등
- 변성암 : 대리석, 사문암 등

• 화성암, 퇴적암(수성암)이 무엇인가에 의해 변성작용을 하여 변성암이 된다.

Q 석재의 표면을 매끄럽게 하는 가공은 무엇입니까?

A 본연마입니다.

◐ 조연마→수연마→본연마 순으로 연마하여, 표면을 광택나는 매끄러운 면으로 한다. 각 단계에서 거친 연마에서 섬세한 연마로 바꿔가며 가공하고, 가장 나중에는 버프마감으로 한다. 버프와 펠트, 우레탄 등으로 만들어진 링 형태의 연마도구이다.

- 원반을 돌리는 디스크 그라인더에 버프를 붙여서 회전시키며 연마한다. 버프는 석재뿐만 아니라 금속이나 나무를 연마하는 것에도 사용한다. 본연마를 한 석재는 오톨도톨한 면이 적고 물이 스며들기 어려워 벽이나 여러 가구의 상판 등에 사용된다. 미끄러워지기 쉬우므로 바닥에는 사용하지 않는 것이 좋다.

R174 석재-7

Q 버너구이마감(jet burner)이란 무엇입니까?

A 석재의 표면을 제트버너로 튀겨 표면에 세밀한 오톨도톨 모양의 마감을 만드는 것입니다.

◐ 석재의 성분이 융점과 팽창률이 다르기 때문에 녹여서 튀어나가는 부분과 그대로 남는 부분이 생겨, 표면에 세밀한 오톨도톨한 면을 만드는 것이 가능하고, 화강암 등에 사용한다.

석재의 결이 촘촘한 순서

본연마 < 샌드블라스트(모래분사) < 버너마감

작다 ← → 크다

- 샌드블라스트(sandblast)마감이란 석재 표면에 작은 모래를 분사하여 세밀한 흠집을 내어 거칠게 만드는 마감이다. 석재결의 촘촘한 순서는 본연마가 가장 촘촘하며, 그 다음으로 샌드블라스트, 버너마감 순이다.
- 바닥에 매끄러운 돌을 깔면 물기가 있을 때 미끄러우므로 버너마감이나 샌드블라스트마감을 하여 표면을 거칠게 만들고, 본연마를 한 돌을 건축물에 붙인 다음 버너마감이나 샌드블라스트마감을 하는 경우도 있다.

Q 혹두기마감이란 무엇입니까?

A 석재의 표면에 큰 울퉁불퉁한 모양을 내는 마감입니다.

◐ 석재를 쪼갠 상태 그대로의 쪼갠 표면마감보다도 더욱 큰 울퉁불퉁한 모양을 낸다.

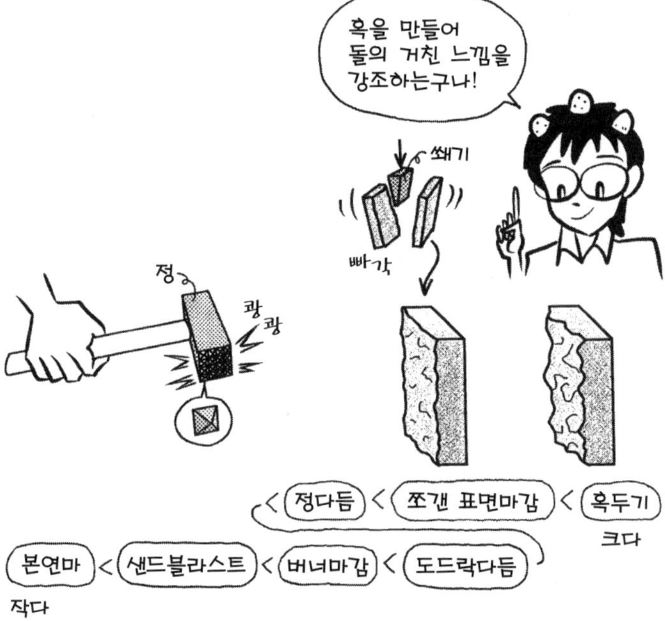

- 돌을 다이아몬드절단기로 자른 경우는 절단면에 칼날의 세밀한 선이 남고, 쪼갠 표면마감은 쐐기를 넣어 쪼개기 때문에 깨끗한 절단면이 남는다.
- 오톨도톨한 면이 붙은 해머로 치는 도드락다듬 및 정다듬보다 결이 거칠게 마감되는 것이 혹두기마감이다. 혹두기마감은 천연 그대로 돌의 풍미가 나온다.

Q 내장재로 사용되는 석재의 두께는 얼마입니까?

A 벽에 사용하는 것은 5mm 정도부터 있지만, 통상적으로는 30mm를 사용합니다.

◐ 두께는 석재의 강도상 대리석, 화강암＜사암이다. 절단된 돌의 경우는 얇으며, 쪼개진 돌의 경우는 두껍다.

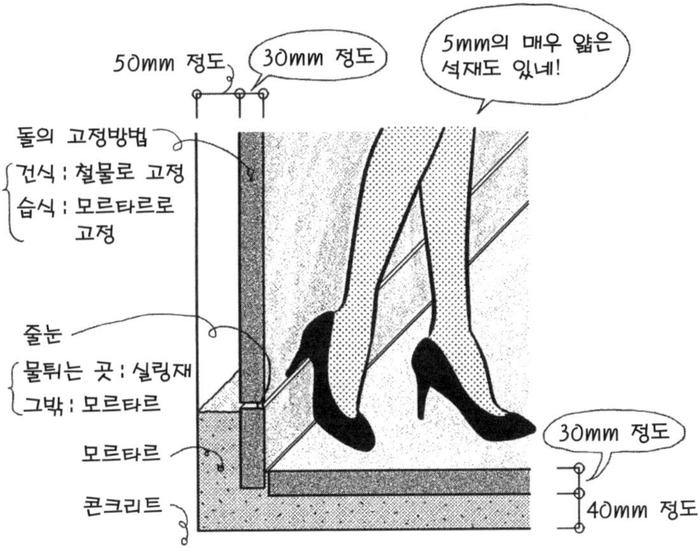

- 바닥은 모르타르로 접착하고 벽은 철물로 고정시킨 다음 빈 공간에 모르타르로 채운다. 철물(파스너)만으로 지지하는 방법도 있다. 모르타르로 메우는 것을 습식, 모르타르를 사용하지 않고 철물만으로 고정시키는 것을 건식이라고 한다.
- 물이 튀는 장소의 이음새에는 실링재(탄력이 있는 고무형태의 충진재)를 사용하며, 그 밖의 이음새는 모르타르로 메우거나 이음새를 거의 만들지 않는다.
- 벽마감용 석재로 5mm 정도의 얇은 석재도 판매되고 있다. 가볍기 때문에 접착제나 양면테이프로도 고정이 가능하다.

Q 테라조(블록)란 무엇입니까?

A 잘게 부순돌을 백색시멘트 등에 넣어 굳힌 인조석 판입니다.

◐ 커다란 돌의 판은 고가이기 때문에 작은 돌을 모아 경화시켜 값이 싼 인조석 판을 만든다. 테라조블록은 대부분 실내디자인에 사용되어 욕실, 화장실 바닥이나 칸막이벽, 난간 등에 많이 사용된다.

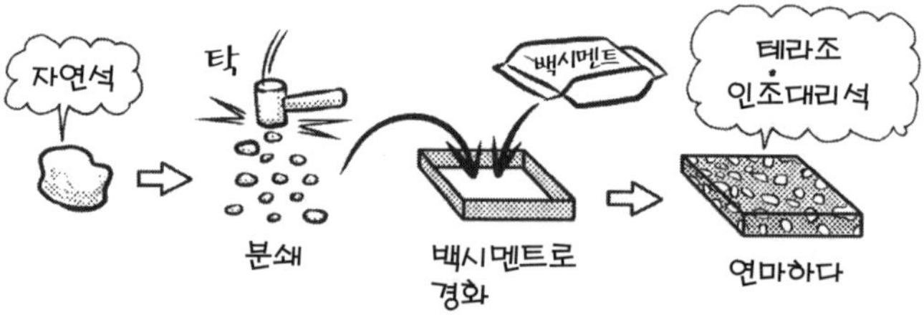

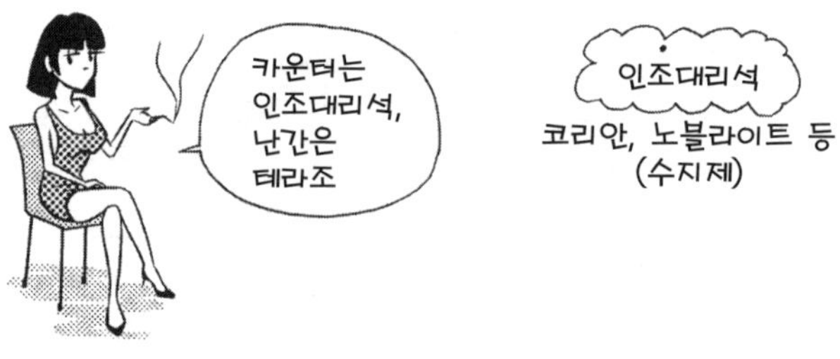

- 테라조(terrazzo)는 이탈리아어로 '자연석을 잘게 부숴 바닥 등에 빈틈없이 까는 모자이크 마감'을 말한다.
- 테라조블록은 인조대리석이라고도 하지만, 수지제의 인조대리석(R148 참조)과는 다르다.

Q 플로트유리란 무엇입니까?

A 용융금속에 뜨게 하여 만드는 투명유리입니다.

◐ 유리면이 조금이라도 오톨도톨해지면 불투명해진다. 평활한 용융금속(주석-Sn) 위에 녹인 유리를 뜨게 하여 평평한 면을 만들어 투명한 유리를 만든다.

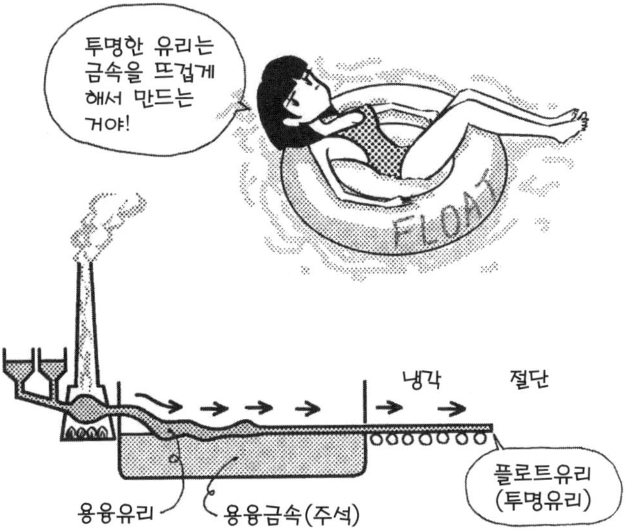

• 플로트유리의 두께는 2, 3, 4, 5, 6, 8, 10, 12mm 등이 있다. 주택이나 아파트 창에 쓰이는 유리는 5mm를 가장 많이 사용한다.

Q 불투명유리란 무엇입니까?

A 한쪽 면에 오톨도톨한 면을 만들어 불투명하게 만든 유리입니다.

◐ 용융금속에서 나온 유리를 레일에 통과시킬 때 레일의 한쪽 면을 모양을 박는 것으로 하여 오톨도톨하게 만든다. 형판유리라고도 한다.

• 수는 적지만 불투명유리는 플로트판유리(무늬유리, 안개유리)로도 만든다. 모래 및 연마재를 뿜어 칠하여 유리 표면에 작은 흠집을 내어 불투명하게 한다. 플로트판유리를 부분적으로 가공하기도 하며, 모양을 넣는 응용도 가능하다.

Q 복층유리(페어글라스), 접합유리(라미네이트글라스)란 무엇입니까?

A 복층유리는 유리 사이에 공기를 넣는 단열을 위한 유리이며, 접합유리는 수지를 유리 사이에 넣은 방범을 위한 유리입니다.

◐ 공기는 열을 투과시키기 어려우므로 건조시킨 공기나 아르곤 가스를 사이에 넣어 단열성능을 높인다. 수지는 잘 깨지지 않으므로 유리 사이에 넣어 방범성을 높인다.

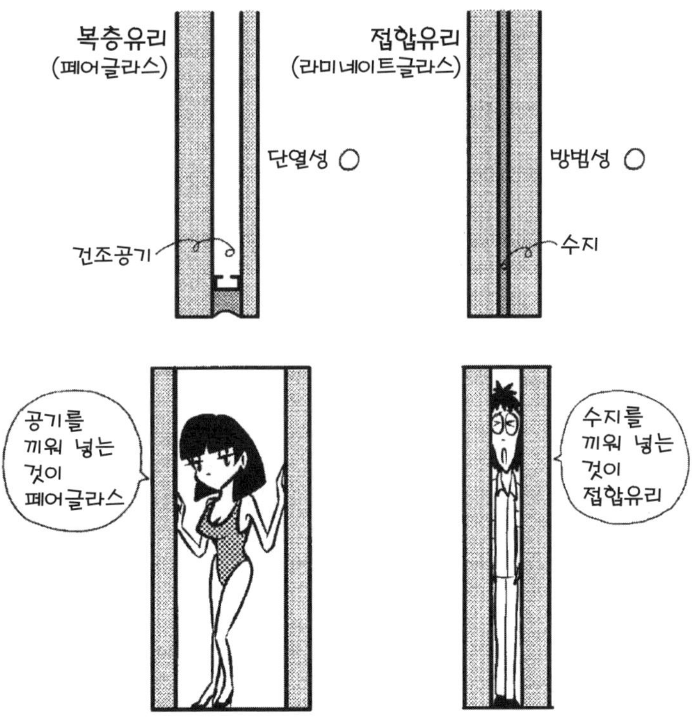

• 페어글라스와 접합유리는 서로 혼동하기 쉬우므로 주의하자.

Q 강화유리란 무엇입니까?

A 플로트유리의 몇 배의 충격강도가 있는 유리입니다.

◐ 대형 유리의 면, 유리로 만든 난간, 유리바닥 등에 사용된다.
유리테이블이나 책장 및 바닥 밑에 설치된 유적이니 도시모형을 보여주기 위한 유리바닥으로 사용된다.

- 플로트유리를 가열한 다음 급랭시킨 후 강화유리가 만들어진다.
깨질 때는 유리 특유의 각진 파편이 되지 않고, 가루형태로 되기 때문에 안전하다. 자동차에 사용되는 유리는 강화유리에 필름을 사이에 넣어 만든 유리로 강화유리보다 더욱 안전하다.
- 강화유리는 영어로 'tempered glass'인데 'temper'란 철이나 유리를 적당한 온도로 가열하여 강화시킨다라는 의미를 갖고 있다.

Q 유리를 고정시키려면 어떻게 합니까?

A 유리를 홈에 끼워 넣어 고무나 실링제로 고정시키거나 구멍을 뚫어서 볼트 등의 철물로 고정시키는 방법 등이 있습니다.

◐ 유리를 홈에 끼워 넣어 빈 공간을 실링재나 고무로 메꾸는 것이 일반적인 방법이다. 하나의 고무로 고정시키는 경우 그 고무를 개스킷(gasket)이라 하고, 얇은 고무를 양측에 넣는 경우를 비드(bead)라고 한다.

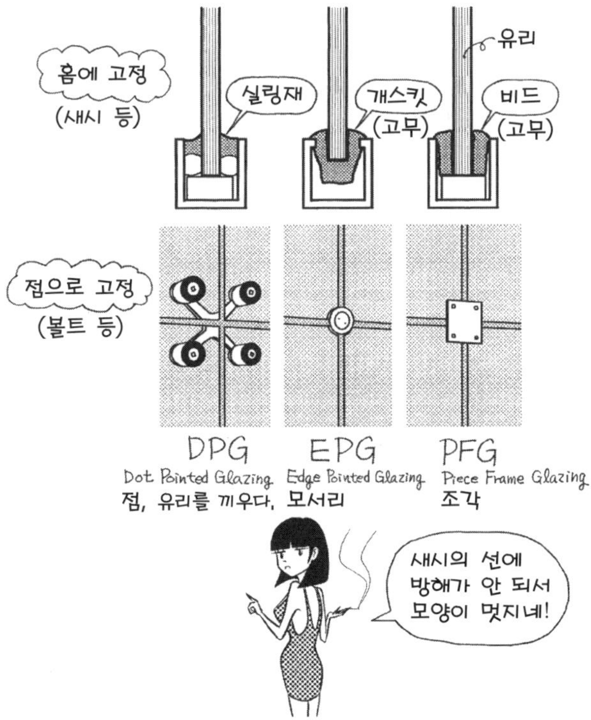

- DPG, EPG, PFG는 외장의 경우에 사용되는 방법이지만, 내장에서 난간을 만들 경우에도 사용하는 것이 가능하다. 유리를 새시의 틀에 넣으면 새시의 틀이 눈에 조금 거슬리지만 철물 등으로 고정시키는 경우는 유리만 산뜻하게 보인다.
- glazing의 glaze란 '유리를 끼우다'라는 의미이다.

R183 폴리카보네이트

Q 폴리카보네이트란 무엇입니까?

A 충격강도가 높은 수지(플라스틱)의 일종입니다.

◐ 차고의 지붕, 차양, 베란다의 난간벽에 자주 사용하며, 실내디자인에서는 프레임 도어(판이나 유리를 끼울 수 있는 프레임만 있는 도어)에 사용된다. 유리는 무거우며 깨지기 쉬운 결점이 있지만, 폴리카보네이트는 가볍고 잘 깨지지 않는 소재이다.

- 폴리카보네이트는 잘 깨지지 않는 반면, 부드러운 소재이기므로 표면에 흠집이 생기기 쉬우며, 타기 쉬운 단점이 있다. 폴리카, 폴리카보 등으로도 불린다.
- 골판지처럼 안에 공기가 있는 판은 잘 휘어지지 않는 반면 가볍다. 폴리카보네이트 중공판(트윈카보)이라고도 한다. 중공판은 실내디자인에서 프레임 도어나 칸막이벽 등에도 사용된다.

Q 걸레받이를 설치하는 이유는 무엇을 위해서입니까?

A 벽과 바닥마감이 연결되는 곳을 좀 더 좋아 보이도록, 벽의 하부를 보강하기 위해, 더러움을 눈에 띄지 않게 하기 위해 등의 이유입니다.

◐ 걸레받이란 벽의 가장 밑에 붙이는 길고 가는 판이다. 걸레받이를 붙이지 않으면 바닥재나 벽의 밑모서리 부분이 그대로 노출된다. 바닥재나 벽, 이 두 가지 소재가 깨끗하게 절단되지 않거나 두 소재 사이에 빈 공간이 생기면 보기에도 좋지 않다. 그리고 벽의 하부는 청소기, 슬리퍼, 신발 등이 닿거나 흠집 및 더러움이 생기기 쉬우므로 걸레받이로 보호한다. 진한 색의 걸레받이를 붙임으로써 더러움도 눈에 잘 띄지 않게 할 수 있다.

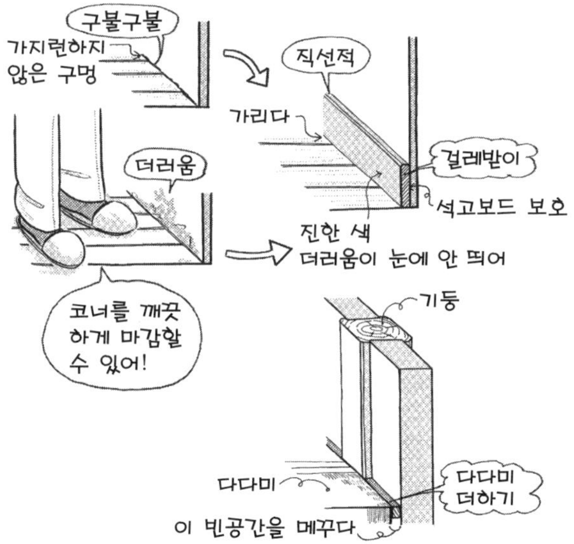

- 목재 걸레받이는 6mm×60mm 정도로 기성품도 많다. 수지제의 부드러운 걸레받이는 1mm×60mm 정도로 칼을 사용하여 자를 수 있으므로 공사가 간단하며 비용도 저렴한 편이다.
- 바닥면, 벽면, 천장면 등의 평면 모서리, 가장자리 부분에 넣는 봉형태의 긴 막대를 코너비드라고 하며, 마감을 좋게 하기 위한 기본적인 방법이다. 판을 절단한 절단면을 가리는 역할도 한다.

Q 문의 틀이 벽으로부터 나오는 부분과 걸레받이의 두께 중 어떤 것을 두껍게 합니까?

A 밑에 보이는 그림과 같이 문의 틀의 돌출 부분을 크게 하여 걸레받이가 문의 틀로부터 밖으로 나오지 않도록 합니다.

◐ 문의 틀은 벽으로부터 조금 나오게 하여 작은 차이를 만들어 마감한다. 문틀의 높이가 10mm, 걸레받이의 두께가 15mm가 되면 걸레받이가 5mm 밖으로 나오게 된다. 두께를 6mm로 하면 잘 마감될 수 있다.

• 문틀, 창틀의 높이는 10mm 정도가 일반적이다. 설계자가 상세도에 단면높이의 치수를 지정하지 않아도 시공자는 마감을 좋게 하기 위해 높이를 만들어 공사를 해준다.

R186 천장몰딩 – 1

Q 천장몰딩을 붙이는 것은 무엇을 위해서입니까?

A 벽과 천장이 만나는 코너의 마감을 보기 좋게 처리하기 위해 천장판을 위에 설치하고, 얹을 때 공사를 쉽게 하기 위한 이유가 있습니다.

◐ 벽과 천장의 코너에 붙이는 얇은 막대를 천장몰딩이라고 한다. 천장판 가장자리의 구불거리는 절단면을 가리기 위해 코너를 깨끗하게 직선적으로 보이게 하기 위한 막대이다.

- 천장몰딩을 넣지 않고 벽과 천장을 벽지 및 도장으로 마감하는 경우도 있다.
- 깨끗하게 마감하는 것에는 약간의 간격을 벌려 놓는 형식의 마감(R188 참조)으로 하는 것도 필요하다.

Q 천장 코너비드란 무엇입니까?

A 아래 그림과 같이 천장의 석고보드 등을 간단하게 마감하는 천장몰딩 대신 사용하는 제품입니다.

◐ 플라스틱제, 알루미늄제 등이 있다. 천장몰딩과 같은 두꺼운 박대를 사용하지 않고도 깨끗하게 천장을 마감하고 싶거나 비용을 줄이고 싶은 경우 사용한다. 코너비드도 넓은 의미로는 천장몰딩의 한 종류라고 할 수 있다.

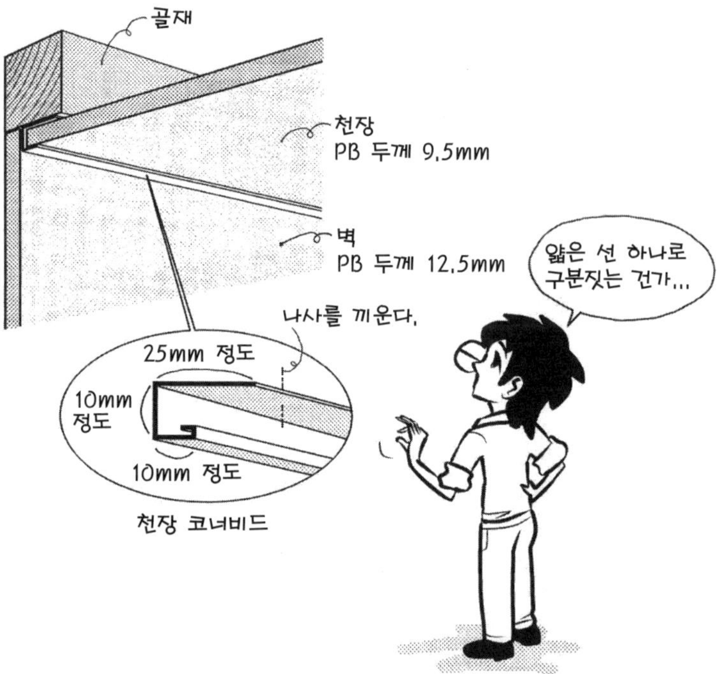

• 처음에 천장판을 고정시키기 위한 골재에 코너비드를 나사로 고정시킨다. 그 다음에 천장판을 끼워 넣어 고정시킬 수 있기 때문에 공사도 편하다.

Q 천장몰딩이란 무엇입니까?

A 천장몰딩을 없애고 천장과 벽이 만나는 곳에 아주 작은 공간을 만들어 천장재를 붙이는 방법입니다.

◐ 판을 서로 붙이지 않고 공간을 사이에 두어 마감하는 방법을 말하고, 천장과 벽이 만나는 코너도 천장몰딩을 없애고 약간의 간격을 벌려 놓는 형식의 마감으로 하는 경우가 있다. 천장몰딩이 없어져 디자인이 깔끔해 보인다.

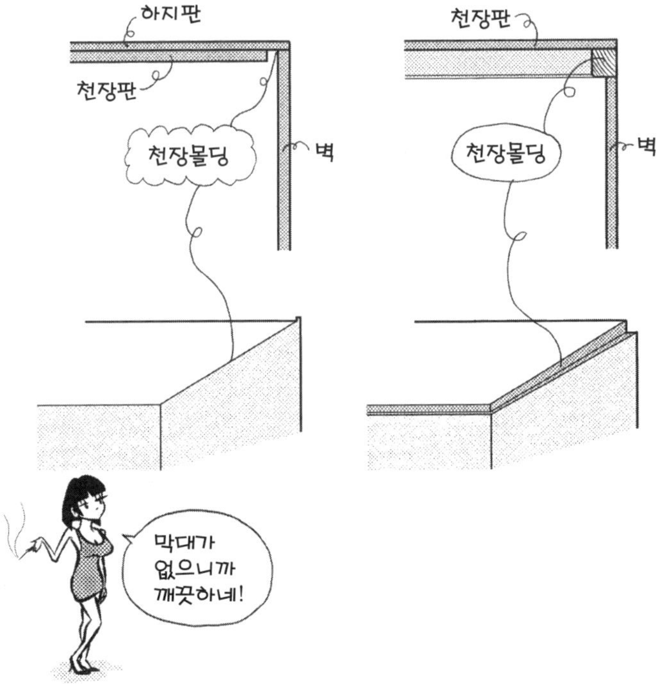

• 천장몰딩을 벽에 만드는 경우도 있다.

R189

Q 천장몰딩, 코너비드, 간격을 벌려서 마감하는 방식 외에 천장가장자리를 처리하는 것에는 무엇이 있습니까?

A 아래 그림과 같이 내장용 실링재를 사용하는 것이 있습니다.

◐ 원래 정말 싸고 간단하게 마감하는 방법은 천장몰딩이나 코너비드를 사용하지 않고 벽, 천장에 벽지를 붙이거나 도장하는 것이다. 코너 부분에 빈공간이 생긴 경우나 벽지를 잘 떨어지지 않게 하고 싶은 경우는 실링재를 쓰는 경우가 있다.

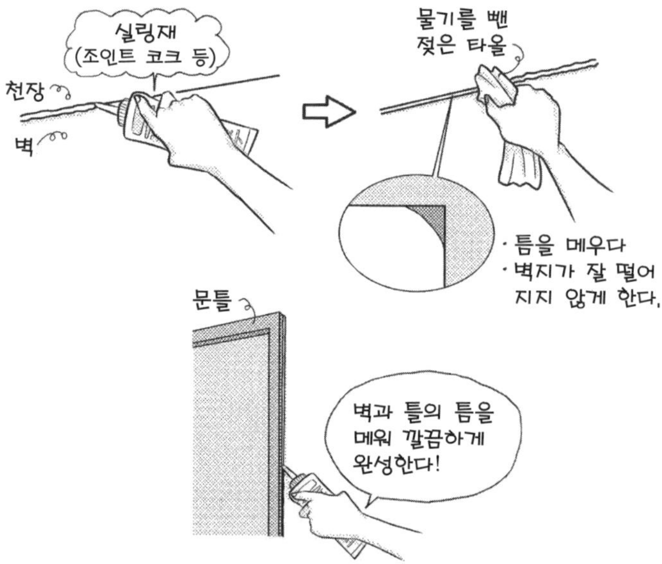

- 벽지를 코너에서 커트한 경우 쉽게 떨어지거나 틈이 생기므로 실링재를 사용하면 잘 떨어지지 않고 틈도 가릴 수 있다. 틈을 보수하는 보수용, 가림용 등으로 실링재는 자주 사용된다.
- 조인트 코크를 각도를 잡고 쏘고, 물기를 뺀 젖은 타올로 닦아내면 깨끗하게 마감된다.
- 실링(sealing)재는 코킹(caulking)재라고도 한다. 조인트 코크의 코크는 여기에서 따온 말이다.

Q 천장몰딩은 기둥보다 나와 있습니까, 들어가 있습니까?

A 나와 있습니다.

◐ 천장몰딩과 기둥이 만나는 부분을 일반적으로는 천장몰딩을 기둥보다 밖으로 빼서 마감한다. 천장몰딩보다 기둥이 밖으로 나와 있으면 천장몰딩을 싹둑싹둑 잘라야 하거나 천장판에 기둥에 의한 흠집이 생긴다.

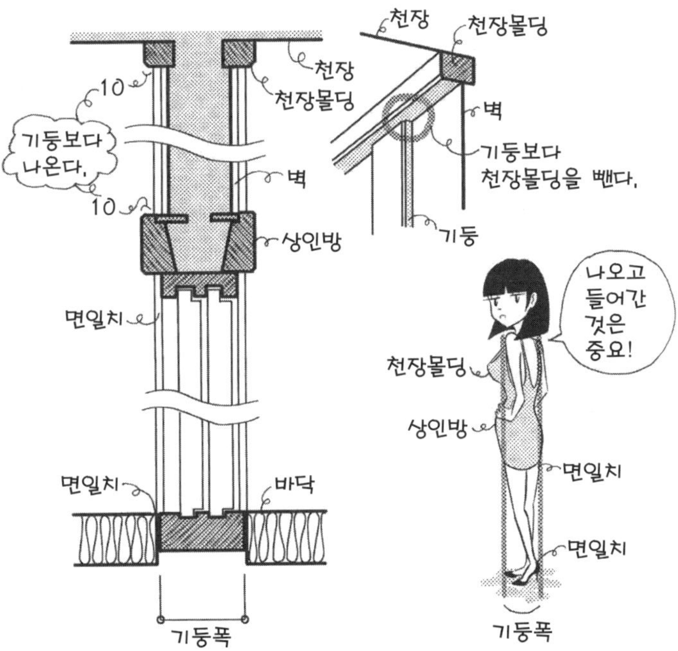

• 기본적으로는 문지방폭과 기둥폭이 같지만 한쪽 면이 마루이거나 문지방이 바닥보다 떠 있을 경우 실내측에 한하여 면일치마감을 하기도 한다.

Q 연귀란 무엇입니까?

A 모서리 부분에 두 장의 부재를 서로 45도로 잘라 절단면이 보이지 않게 접합하는 방법입니다.

◐ 절단면이 보이지 않게 붙일 수 있기 때문에 보기에 깨끗하다. 도어의 틀, 창문의 틀, 걸레받이, 천장몰딩의 모서리 부분에 사용한다.

- 부재의 크기가 서로 다른 경우는 각도가 45도가 아닌 경우도 있다. 문틀의 높은 곳은 수직재를 붙여도 절단면이 보이지 않기 때문에 연귀로 하지 않는 경우도 많다.
- 연귀는 과거 기술이 좋은 목수가 톱으로 45도로 잘라 접합하는 경우가 있었고, 전통건축의 연귀를 보면 공사를 한 목수의 역량을 알 수 있다. 현재는 사선으로 자를 수 있는 전동톱으로 간단히 자를 수 있다.

널빤지의 앞면과 뒷면

Q 문턱은 널빤지의 앞면을 어느 쪽으로 합니까?

A 위쪽으로 합니다.

◐ 나무의 표면에 가까운 쪽이 널빤지의 앞면, 나무의 심에 가까운 쪽이 널빤지 뒷면이다. 나무는 아래 그림과 같이 심에 가까운 널빤지의 뒷면이 위로 올라오며 휘기 때문에 휘는 쪽을 밑바탕재에 눌러 고정시키고, 반대로 고정하면 위로 휜다. 인방도 밑바탕재에 널빤지의 뒷면을 고정시킨다.

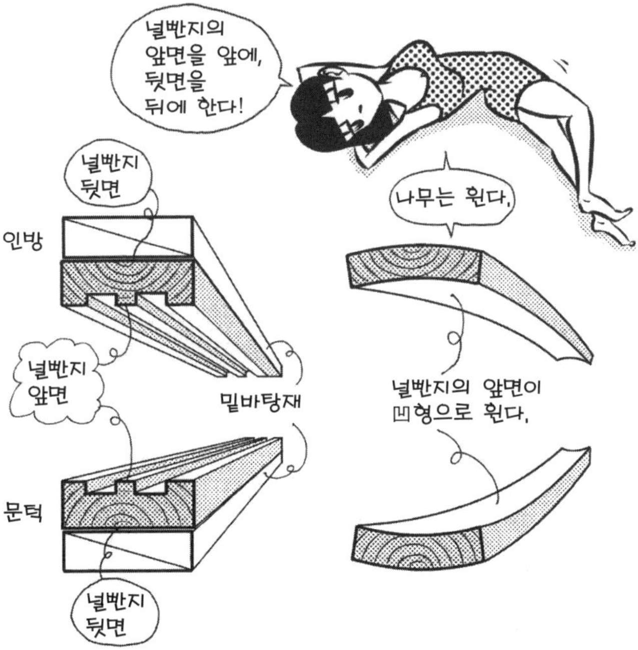

• 널빤지의 앞면은 춘재(생장이 왕성한 시기의 부드럽고 흰 나무)에 있는 경우가 많으며 심에 가까운 널빤지의 뒷면은 추재에 있는 경우가 많다. 춘재는 부드럽고 건조 수축이 큰 경향이 있으므로 춘재에 많은 널빤지의 앞면은 수축하여 밑으로 휘게 된다.

Q 손스침(난간의 횡목)이란 무엇입니까?

A 난간 상부에 설치하는 마감재를 손스침이라고 합니다.

◐ 벽의 가장 윗부분, 벽의 두께가 있는 부분(절단면)에 설치하는 것이 손스침이다. 징두리벽 상부에 붙이는 마감이 바뀌는 부분(경계)에 넣는 치장재를 손스침이라고 한다.

- 판자의 상부는 절단면이 보이기 때문에 그것을 가리는 치장재의 막대를 붙이는데, 그 막대기를 손스침이라고 한다.
- 평지붕의 가장자리 부분, 외벽의 가장 윗부분을 평지붕보다 돌출시킨 부분을 파라피트(옥상의 난간)라고 하는데, 파라피트의 상부에 설치하는 것도 손스침이라고 한다. 파라피트의 손스침은 치장재, 마감재인 동시에 벽 내부에 비를 막는 역할도 한다.

R194

Q 내림벽 하단부는 어떻게 마감합니까?

A 아래 그림과 같이 틀을 만들어 마감하는 것이 일반적입니다.

◐ 천장에서부터 내려와 도중에 멈춰 있는 벽을 내림벽이라고 한다. 손스침은 위에서 밑으로 덮는 형태이지만, 내림벽의 마감은 밑에서 위로 덮는 형태가 된다.

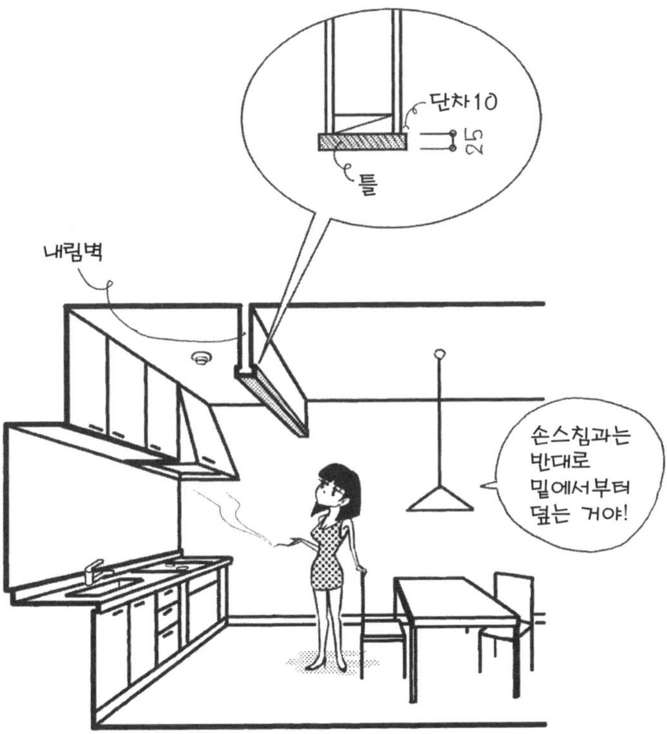

R195 보드를 끼워 넣는 홈

Q 창틀, 문틀, 손스침, 내림벽 단부의 틀 등에 보드를 끼워 넣는 홈을 만드는 이유는 무엇입니까?

A 틀이 휘거나 보드가 움직이거나 굴곡이 생긴 경우에도 틈이 생기지 않도록 하기 위함입니다.

◐ 틈이 생기지 않는 장점 이외에 보드를 끼워 넣어 고정시킬 수 있기 때문에 공사가 쉽다. 홈이 없으면 딱 맞추어 잘라 붙이지 않으면 안 된다.

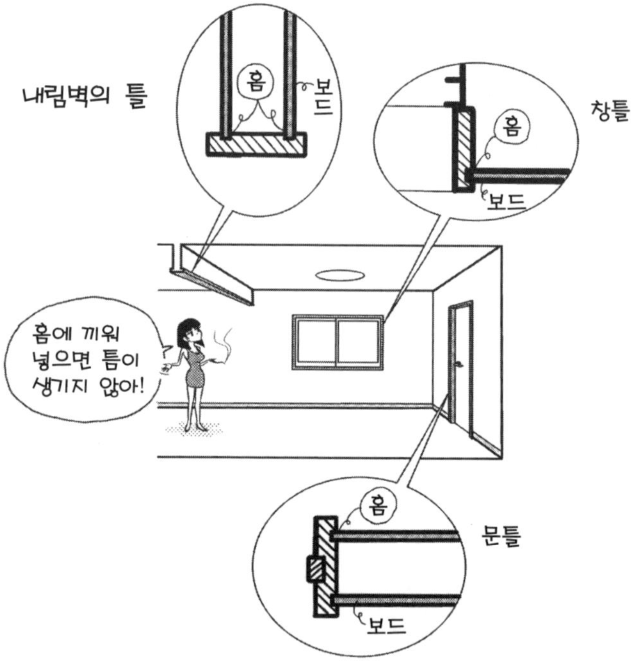

- 틀이 얇은 판자이거나 비용이 적은 경우, 보드를 홈에 끼워 넣지 않고 틀 표면에 닿는 것으로 마감하는 경우도 있다. 홈이 없으면 공사할 때에도 많이 신경써야 하며, 공사 후에도 시간이 흐를수록 틈이 벌어지기 쉽다.
- 도장을 칠하는 벽(칠벽)에서는 천장몰딩이나 인방 등과 만나는 부분을 도려내어, 도려낸 부분에 도장하여 틈이 생기지 않도록 하는 경우가 있다.

Q 바닥재의 판과 판의 연결은 어떻게 연결합니까?

A 아래 그림과 같이 은촉이음과 쪽매이음 등으로 연결합니다.

◐ 은촉과 은촉홈에 맞추는 은촉 연결이 일반적이다. 은촉 가운데 원래부터 바닥재의 판에 붙어 있는 것이 은촉이음, 나중에 끼워 넣는 것이 쪽매이음이다.

바닥재의 연결방법

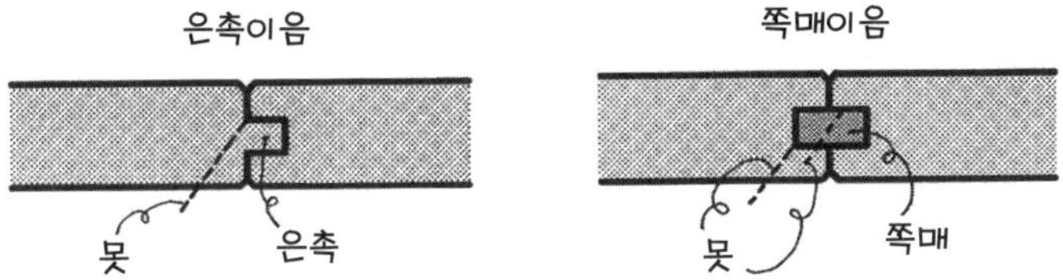

- 시판되고 있는 플로어링재는 거의 판자에 은촉이 붙어 있다. 바닥은 무게나 진동을 부담하기 때문에 나중에 끼워 넣는 방법으로 바닥재를 고정하면 판자끼리 분리되기 쉽다.
- 은촉연결을 은촉이음이라고도 한다. 이음은 '잇다 연결하다'라는 의미이다. 은촉은 돌출되어 있는 돌기를 가리키며, 돌출부를 은촉, 끼워 넣기 위한 홈을 은촉홈이라고 한다.

Q 벽재의 판과 판을 평행 방향으로 연결하려면 어떻게 합니까?

A 아래 그림과 같이 반턱줄눈, 은촉이음, 쪽매이음, 누름대 붙임, 조이너 등으로 합니다.

벽재의 연결방법

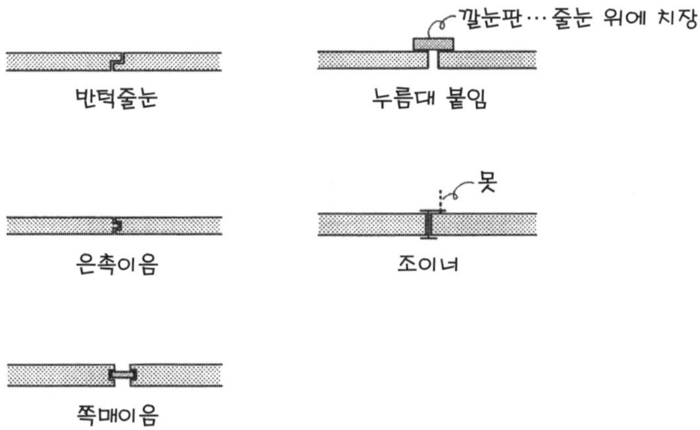

• 석고보드의 조인트 결합과 같은 일체화된 평활한 면이 되지 않으므로 홈이나 줄눈을 만들어 이음매의 선을 깨끗하게 보이게 하는 것이다.

Q 벽의 판자와 판자 모서리(튀어나온 모서리)의 마감방법은 무엇입니까?

A 아래 그림과 같이 연귀, 마감이 바뀌는 부분(경계)에 넣는 치장재, 코너용 조이너 등에 의해 마감합니다.

◐ 판자가 단단하고 두꺼운 경우 45도 커트하여 맞대면 깔끔하게 마감된다. 연귀 부분에 은촉, 쪽매이음을 사용하는 경우도 있다. 마감이 바뀌는 부분에 넣는 치장재를 넣는 것이 무난한 마감이지만, 누름대로 줄눈을 넣는 것도 가능하고, 코너용 조이너를 사용하면 간단히 마감되지만 조이너의 품질에 따라 외관이 결정된다.

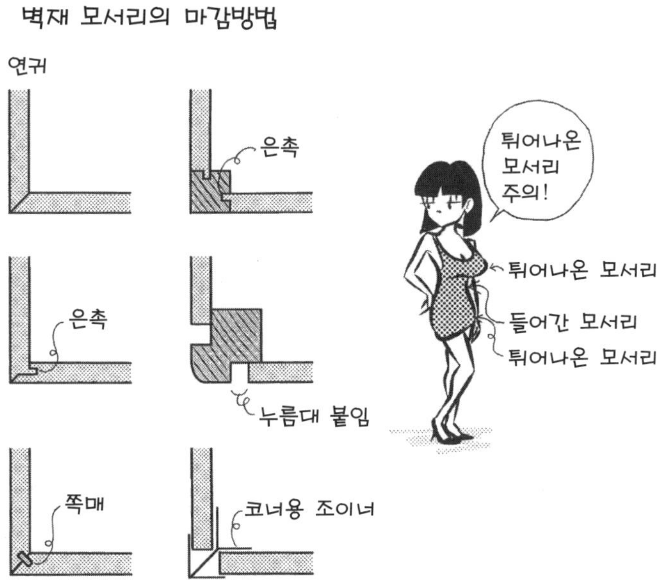

- 들어간 모서리의 경우는 튀어나온 부분의 모서리마감보다 간단하다. 판을 맞대는 것만으로 코너를 돌리는 것이 가능하다.
- 석고보드를 모서리에 돌리는 경우는 석고보드가 깨져 떨어지는 것을 방지하기 위해 L형의 보강재를 넣어 메시테이프를 붙이고, 퍼티를 발라 도장이나 벽지로 마감한다.

Q 천장의 판재와 판재의 연결은 어떻게 합니까?

A 반턱줄눈, 은촉, 누름대 붙임, 겹쳐 붙임 등에 의해 연결합니다.

◐ 반턱줄눈의 한 쪽을 연장하여 누름대 붙임의 홈 형태로 푹 들어간 줄눈으로 하거나, 천장판을 서로 번갈아가며 쌓는 등 여러 가지 방법이 있다.

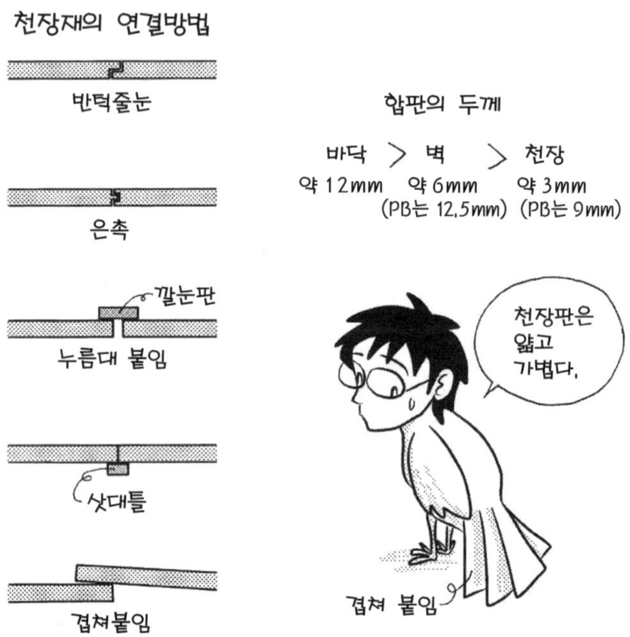

- 합판의 두께는 바닥은 12mm 정도, 벽은 6mm 정도, 천장은 3mm 정도로, 밑에서 위로 갈수록 판을 얇게 할 수 있다. 무게도 위로 갈수록 가해지지 않으므로 잇는 방법은 밑에는 튼튼하고, 위에는 간단하다.

R200 바닥 밑바탕재의 구성방법

Q 바닥 바탕재의 장선, 합판은 어떤 방식으로 짭니까?

A 아래 그림과 같이 45mm×45mm 정도의 장선을 303mm 간격으로 놓고 그 위에 12mm 두께의 합판을 까는 것이 일반적입니다.

◐ 합판은 콘크리트 패널이나 구조용 합판을 사용한다. 그 합판 위에 플로어링이나 플로어타일 등을 깐다.

- 철근콘크리트 슬래브 위에 슬래브보다 조금 높게 바닥을 짤 때도 목조로 짜는 경우가 많다.
- 303mm 간격을 도면 표기에서는 @303이라고 한다. @는 간격이나 단가라는 의미로 사용되는 기호이다.
- 도면 표기에서 3척=909mm의 1/3인 303mm 간격으로 쓰지만, 현장에서는 벽 내부와 벽 내부 간을 나눈 치수를 사용하기 때문에 정확히 303mm로 되지는 않는다.

R201

벽 밑바탕재의 구성방법 – 1

Q 목조의 벽 밑바탕재는 어떤 방식으로 짭니까?

A 아래 그림과 같이 33mm×105mm 정도의 샛기둥을 455mm 간격으로 세웁니다.

◐ 샛기둥의 위에 수평으로 18mm×45mm, 24mm×45mm 정도의 반사틈(띠장)이라고 부르는 가는 막대를 455mm 간격으로 박는 경우도 있다.

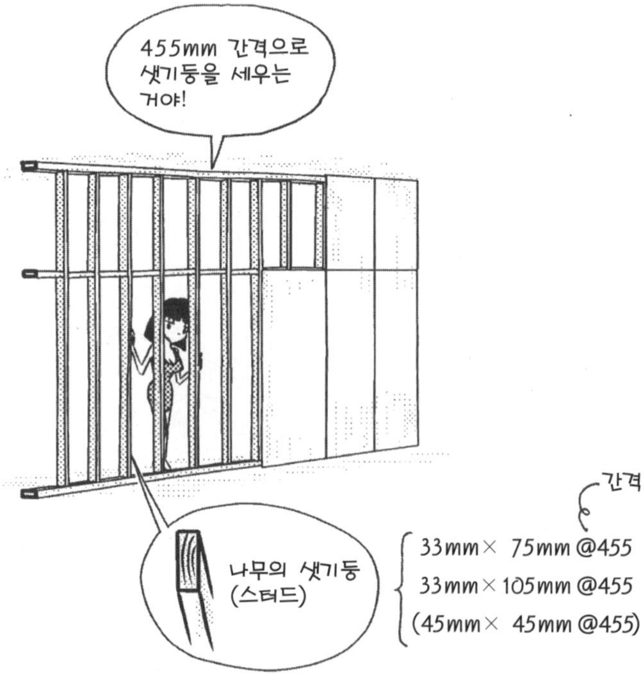

- 나무의 샛기둥은 33mm×75mm, 33mm×105mm 등을 사용한다. 높이가 낮은 경우 45mm×45mm로도 가능하다. 문의 개구부에는 샛기둥을 이중으로 하여 보강한다.

Q 경량철골의 밑바탕재는 어떤 방식으로 짭니까?

A 아래 그림과 같이 45mm×65mm의 스터드(stud : 샛기둥)를 303~455mm 간격으로 세웁니다.

◐ 얇은 강철판을 구부려서 만든 경량철골은 내장의 벽이나 천장의 밑바탕재로 자주 사용된다. 경량철골구조 밑바탕이라고 하는 경우도 있다.

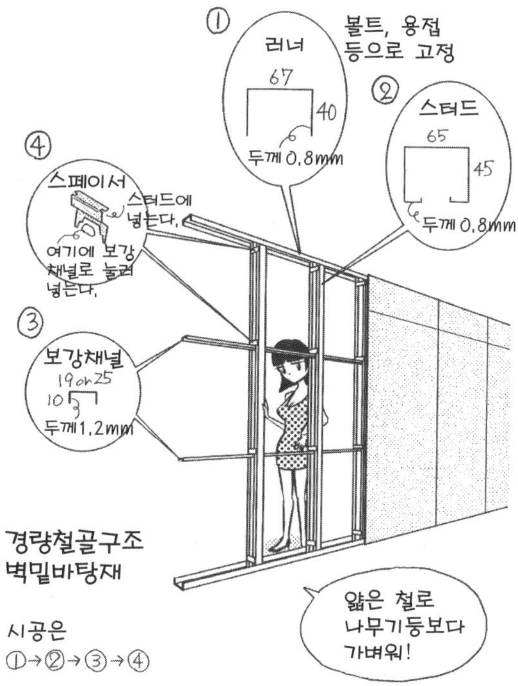

- 바닥에 러너(runner : 문지방이나 홈 등에 있는 레일)를 압정이나 핀 등으로 박고, 그것에 스터드를 끼워 넣어 고정시킨다. 그리고 스페이서와 보강채널로 보강한다.
- 천장이 높은 경우 폭 75mm, 90mm, 100mm 등의 스터드를 사용한다. 도어의 개구부에는 C 채널 등으로 보강한다.

Q 목조의 천장 밑바탕은 어떤 방식으로 짭니까?

A 아래 그림과 같이 45mm×45mm 정도의 도리를 455mm 간격으로 배열합니다.

◐ 도리란 천장의 밑바탕에 사용하는 막대기이다. 장선에 도리를 매날아 2단으로 짜는 방법 이외에 도리를 동일 평면에 격자형태로 짜는 방법도 있다.

• 45mm×45mm 정도의 나무를 보에 설치하여 도리를 매단다.

Q 경량철골의 천장 밑바탕은 어떤 방식으로 짭니까?

A 아래 그림과 같이 M–bar를 455mm 간격으로 배열하여 그것에 909mm 간격으로 직교하여 배열한 캐링채널로 만듭니다.

◐ 경량철골의 천장 밑바탕은 천장경량철골구조로 부른다.

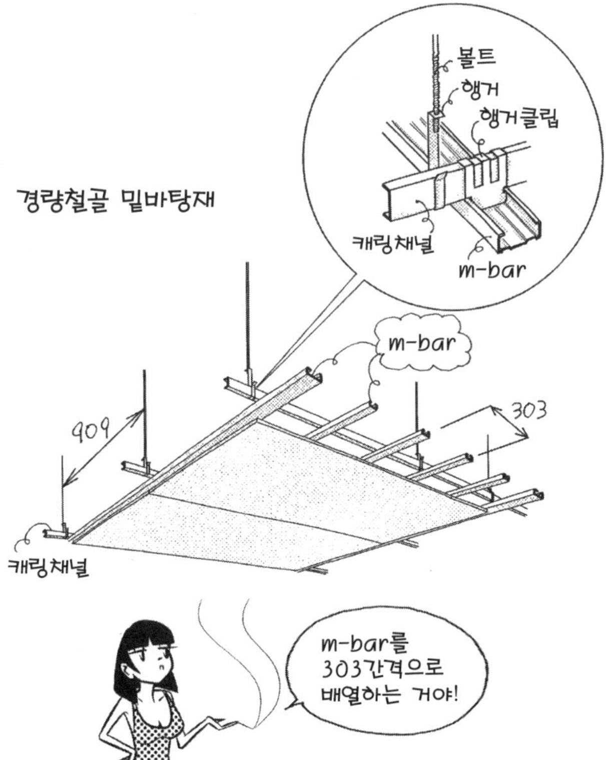

- 볼트와 행거로 캐링채널을 매단다. 볼트는 사전에 콘크리트에 메워넣은 인트너트에 틀어넣는다. 볼트가 길 경우는 보강채널을 넣을 필요가 있다. 근 지진으로 경량철골로 밑바탕을 짠 천장이 떨어진 경우가 꽤 많다.
- 경량철골을 LGS라고도 한다. LGS는 Light Gauge Steel은 '가벼운 규격의 강철'의 약자이다.

R205 천장마감(대자리와 갈대)

Q 대자리, 갈대란 무엇입니까?

A 대나무 등의 얇은 판을 서로 어긋매김으로 짠 것이 대자리, 갈대의 줄기를 배열한 것이 갈대입니다.

◐ 차실의 천장재에 사용된다. 부통, 천장에는 삼목의 판자가 쓰이지만 대나무나 갈대와 같은 소박한 재료를 사용함으로써 한적한 초암 분위기를 낼 수 있다.

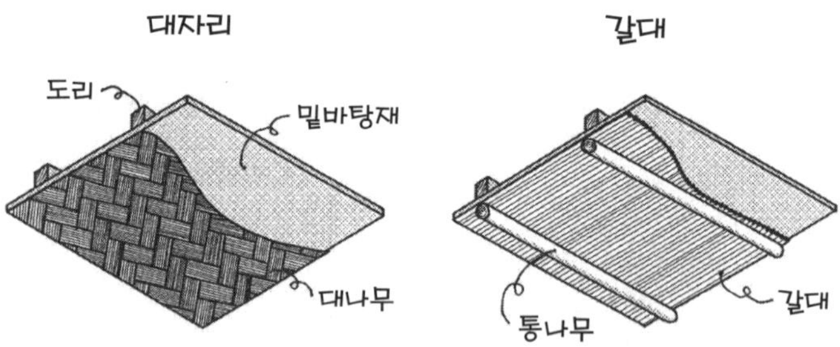

R206

천장재와 바닥재의 시공 우선순위

Q 벽과 천장의 밑바탕재, 어느 쪽을 우선적으로 공사합니까?

A 벽 밑바탕재를 우선으로 하는 것이 일반적입니다.

◐ 벽 밑바탕재를 밑에서부터 위까지 확실하게 고정한 다음 그에 맞춰 바닥과 천장 밑바탕을 만든다.

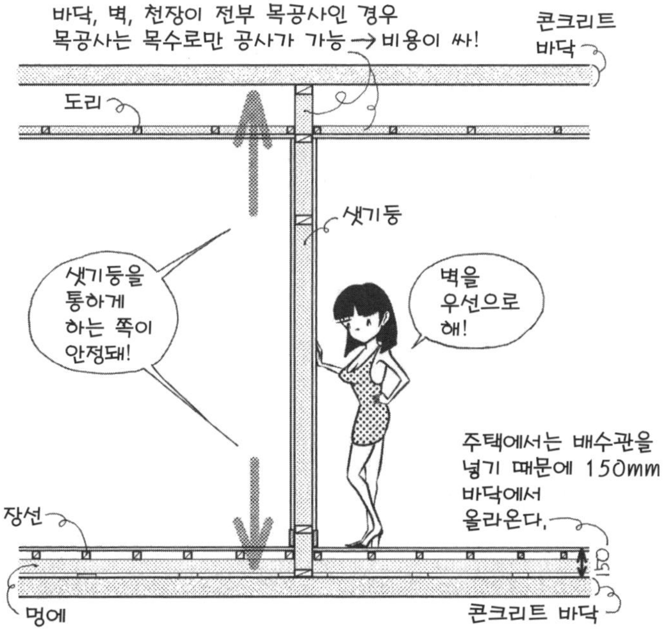

- 간혹 바닥밑바탕을 선행하는 경우도 있다.
- 아파트의 경우 화장실 배수관(내경 75mm 정도)이나 부엌, 세면실, 욕조의 잡배수관(내경 50mm 정도)을 바닥 밑에 넣지 않으면 안 된다. 콘크리트면 위에 배관하지 않으면 누수가 생겼을 경우 아랫집의 천장에서 공사해야 하기 때문이다. 이런 이유로 바닥을 콘크리트면으로부터 150mm 정도는 올릴 필요가 있다.
- 바닥을 나무로 만들고 벽과 천장을 경량철골로 만드는 것보다 전부 나무로 만드는 것이 일하는 사람도 같고 비용을 싸게 할 수 있다.

R207 벽의 차음성능

Q 벽에 차음성능을 갖게 하려면 어떻게 합니까?

A 벽의 석고보드를 이중으로 하여 천장 위, 바닥 밑까지 통과시킵니다.

◐ 천장에서 보드를 마감시키면 천장 위로부터 소리가 전달된다. 따라서 12.5mm 두께의 석고보드를 이중으로 바르고 경량철골의 65mm 폭의 칸막이를 사용하면 12.5×2+65+12.5×2=115mm 두께의 벽이 된다.

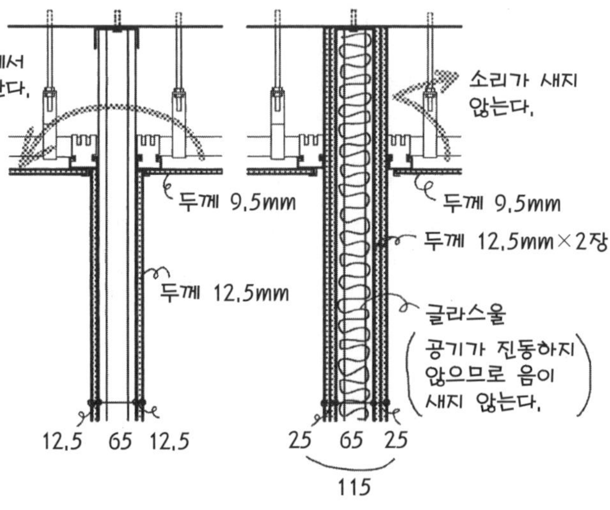

• 벽의 내부에 글라스울을 넣으면 공기의 진동을 막기 때문에 차음성능이 증가하고, 벽은 무거운 만큼 진동하기 어려우며 음에너지가 통과하기 어렵다.

Q 문틀의 단면이 凸형으로 하는 것은 왜 그럴습니까?

A 문턱(도어다리)을 내어 凸형으로 하기 때문입니다.

◐ 내장문을 설치하기 위한 틀은 좌우와 윗부분, 세 가지 면에 붙여서 만드는 것이 일반적이다. 밑부분의 틀은 출입구의 문지방이지만 문 부분에서 마감재가 변하거나 단차가 있는 경우 외에는 생략하는 경향이 있다. 문틀은 벽에서부터 단차를 10mm 정도 취하여 설치한다. 틀의 폭은 25mm 정도가 일반적이다.

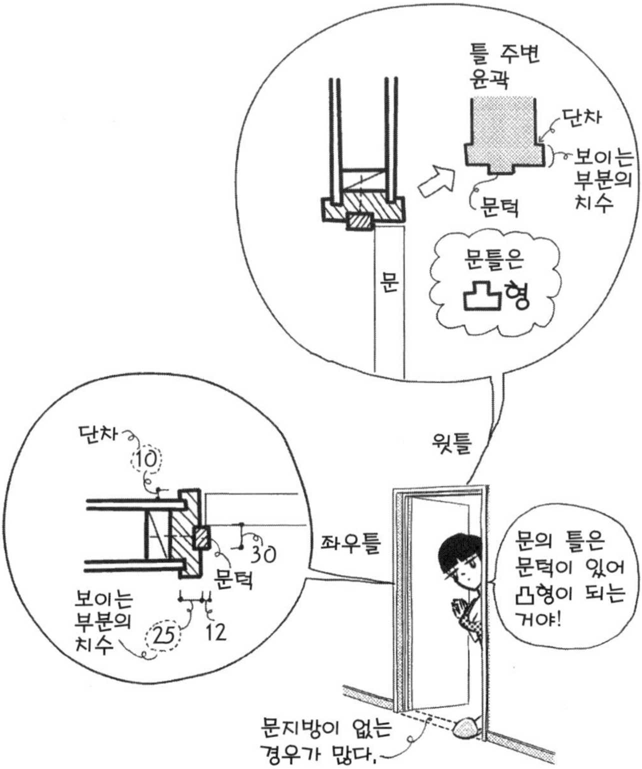

• 문턱을 설치할 홈에서 밑바탕재가 되는 기둥을 향해 나사나 볼트를 박고, 그 다음에 문턱을 홈에 넣어 나사 및 볼트 머리를 보이지 않게 가린다.

Q 새시 안쪽에 목제틀이나 알루미늄틀 등을 설치하는 이유는 무엇입니까?

A 새시를 설치한 후, 남은 벽두께나 기둥의 석고보드 단면 등을 가리기 위함입니다.

◐ 새시만으로 벽두께의 단면을 막는 것은 불가능하다. 그림 ②와 같이 석고보드를 벽의 코너에 돌리면 모서리가 깨지기 쉽다. 쉽게 깨지지 않도록 L형의 플라스틱제 막대(코너비드)를 사용하여 보강한다. 그림 ①과 같이 25mm 두께의 판자로 틀을 만들면 가구가 부딪쳐도 쉽게 깨지지는 않는다.

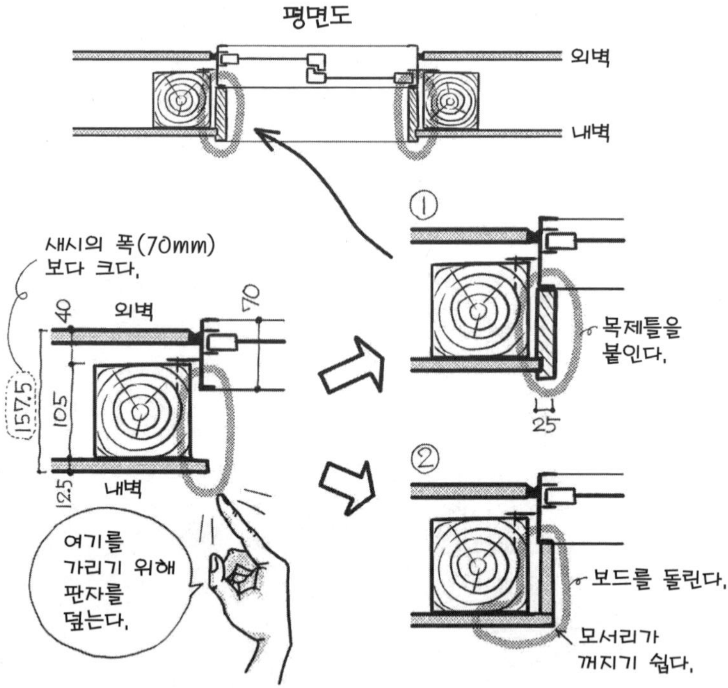

• 창이나 문은 벽에 구멍을 뚫어 만들고, 벽의 구멍 주위는 판자로 덮는 것이 일반적이다. 또 문은 개폐가 빈번하기 때문에 튼튼한 틀을 필요로 하고, 새시는 구조체에 설치하지만 문은 구조체에 설치한 틀에 경첩으로 고정시킨다.

R210 문틀이 있는 경우의 처리

Q 도어틀, 창틀을 벽면으로부터 단차이를 취하는 이유는 무엇입니까?

A 석고보드가 틀에 맞대어 고정될 수 있도록 마감을 깨끗하게 하기 위해서입니다.

◐ 틀은 벽면보다도 10mm 정도 단차이를 두어 밖으로 뺀다. 석고보드와 같은 면으로 틀을 마감하려고 하면 조금이라도 보드에 굴곡이 생기면 틀보다 튀어나오게 되어 지저분하고 마감이 덜 된 듯 보인다.

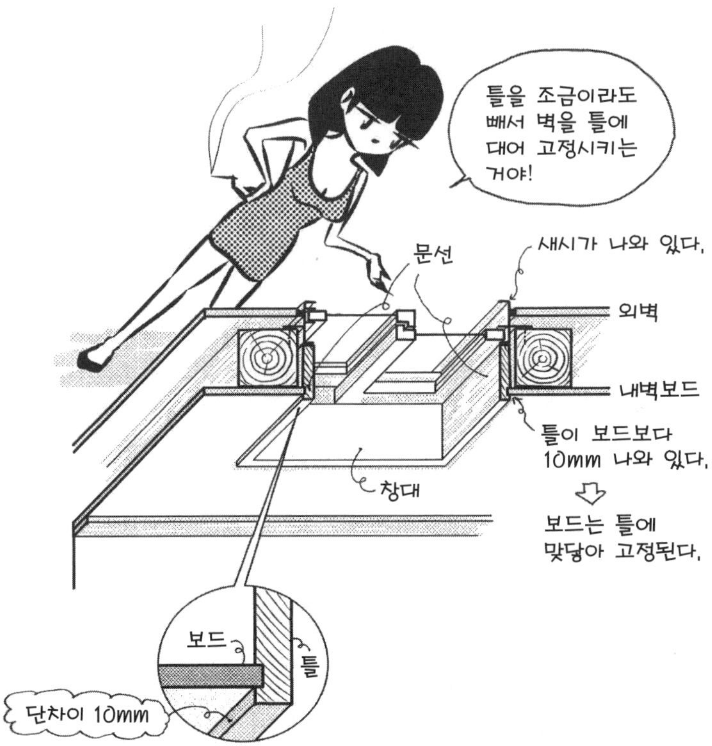

• 창틀에는 각각의 명칭이 있다. 틀의 좌우 · 윗틀은 문선, 밑틀은 창대라고 한다. 틀 밑 부분의 판 위에는 물건을 놓기도 하므로 다른 명칭이 붙여 있는 것이다.

R211 문틀이 없는 경우 처리

Q 개구부에 틀을 설치하지 않고 석고보드를 모서리에 돌리는 것은 무엇입니까?

A 코너비드로 보강한 다음 메시테이프를 붙이고, 퍼티를 바른 다음 도장이나 벽지를 바릅니다.

◐ 석고는 불에 강하지만 깨지기 쉬운 단점이 있다. 벽의 튀어나온 모서리 부분은 물건이 부딪치기 쉬우며 깨지기 쉬운 부분이다. 그에 코너비드라는 L형 단면의 긴 부재를 설치하고, 그 위에 메시테이프(망으로 된 테이프)를 붙인 후 퍼티를 발라 평평하게 만든다.

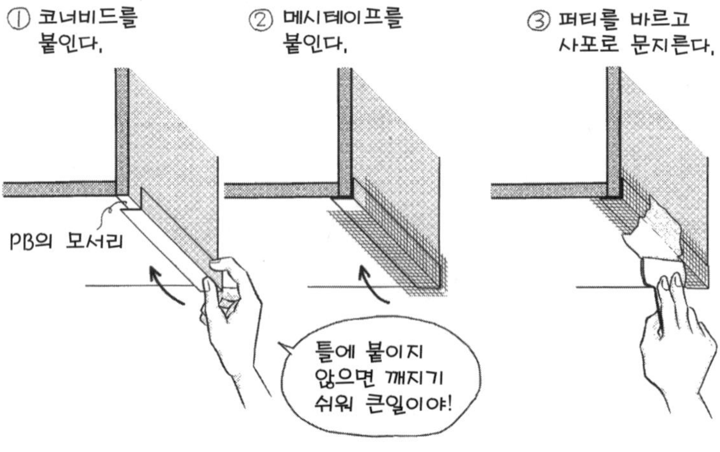

- 코너(corner)란 '모서리', 비드(bead)란 '凸형의 조형물'이다. 석고보드용 코너비드는 플라스틱제로 양면테이프로 붙이는 것, 금속제를 나사로 고정시키는 것 등이 있다. 퍼티란 석고나 시멘트 등으로 만든 충전제로 점토와 같은 형태로 건조시키면 굳어진다. 퍼티를 발라 건조시킨 다음, 사포로 평평하게 한다.
- 아무런 지시도 하지 않으면 작업자들은 틀을 만들기 때문에 도면만이 아닌 직접 이 모서리는 반드시 틀 없이 코너비드로…….라고 확실히 지시해 둔다.

Q 내장 목제 도어를 1/20, 1/50, 1/100로 평면도에 그리면 무엇이 다릅니까?

A 아래 그림과 같이 1/20에는 문턱, 단차이, 보드의 두께가 그려지고, 1/50에는 간략화한 문틀과 보드의 두께가 그려지고, 1/100에는 문틀, 보드의 두께 등은 생략됩니다.

◐ 손의 크기와 비교해 보면, 1/100이 얼마나 작은 도면인지 알 수 있다. CAD로 1/20의 정밀도를 1/100 축척의 도면으로 출력하면 까맣게 뭉개진다. 각각의 축척에 알맞게 도면을 그려야 한다.

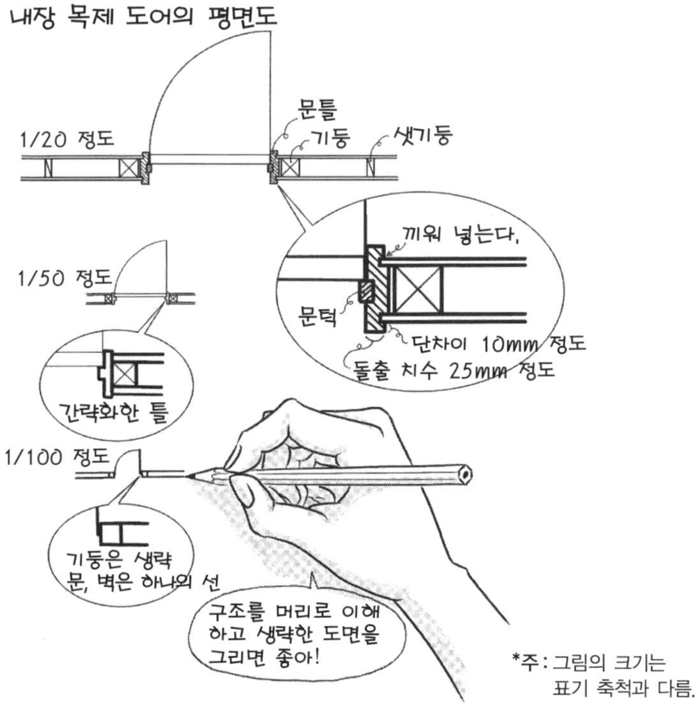

• 학생들에게 도면설계를 가르칠 때 보면, 학생들은 문틀 주위를 그리는 방법이 어렵고 잘 모르겠다고 한다. 우선 틀 주변의 기본적인 마감을 실물로 보거나 일러스트로 이미지를 떠올리며 이해하여 1/20 → 1/50 → 1/100순으로 그려본다. 문틀 주위가 이해되지 않은 상태에서 상세도면을 그리는 것은 의미가 없다.

Q 미닫이창(미닫이새시)을 1/20, 1/50, 1/100로 평면도에 그리면 무엇이 다릅니까?

A 아래 그림과 같이 1/20에는 단차이, 보드의 두께가 그려지고, 1/50에는 간략화한 창틀과 보드의 두께가 그려지고, 1/100에는 창틀, 보드의 두께, 새시의 두께 등은 생략됩니다.

◐ 창틀 주변의 마감은 1/20 축척의 도면으로 겨우 그릴 수 있는 정도이다. 1/50 축척의 도면에서는 새시나 틀의 두께는 단순화하지 않으면 안 된다.

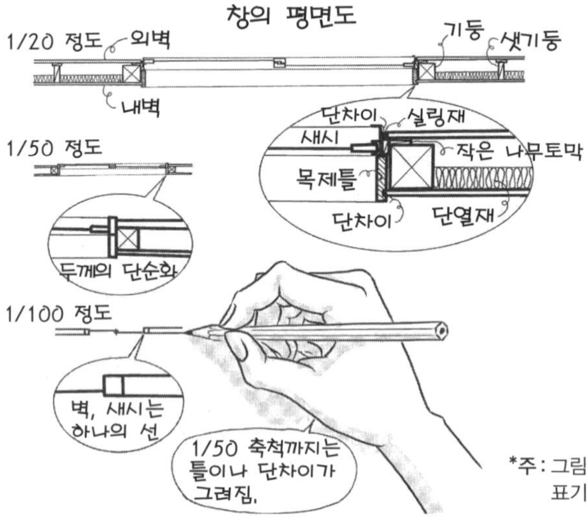

*주 : 그림의 크기는 표기 축척과 다름.

- 문의 틀과 마찬가지로 상세도를 그리는데 학생들이 애먹는 부분이다. 새시의 단면도 어느 정도 알아 둘 필요가 있다.
- 목조용 새시에는 플랜지(flange)가 붙어 있어 창문의 외측에서 기둥에 나사 등을 사용하여 고정시킨다. 새시를 고정시킨 다음, 외장재를 바르고 그 다음 내부의 목제틀을 설치한다. 틀을 설치하면 그것을 기준으로 하여 보드를 덮어 내벽을 만든다. 필자는 목조건물에 새시를 설치한 적이 있는데, 새시의 알루미늄제 바깥쪽 창틀을 설치할 때 수평 · 수직을 맞추는데 고생했었다. 수평 · 수직이 조금이라도 틀어지면 (평행사변형이 되면), 크레센트 자물쇠가 잠기지 않게 된다. 작은 나무토막을 넣거나 나사를 풀어 조금씩 조정해 가며 수평 · 수직을 맞춰나간다. 새시가 설치되면 내부 목제틀을 설치하는 것은 수월하다.

Q 미닫이문의 처리, 벽두께의 안쪽으로 넣을 수 있습니까?

A 가능하지만 벽의 두께가 필요합니다.

◐ 아래 그림과 같이 벽 안에 넣으면 문의 보수, 유지 및 청소가 어렵다. 문은 밖으로 빼고 문을 밀어 넣는 부분의 벽 두께만을 얇게 하는 방법이 무난하다. 벽의 두께를 그대로 하고 문을 벽 밖으로 빼는 방법도 있다. 이 경우 문틀, 레일을 가리는 틀 등도 벽 밖으로 나오게 된다.

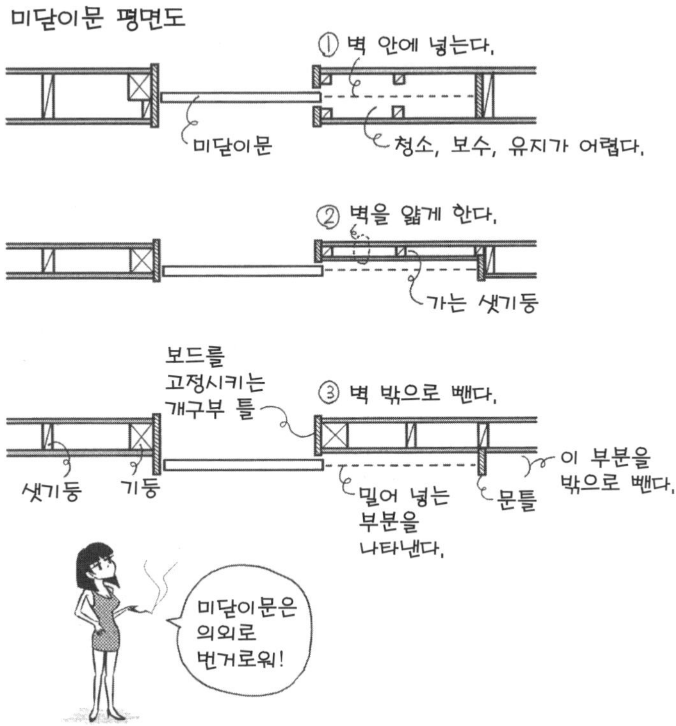

- 같은 미닫이문(슬라이딩 도어)이어도 미닫이문은 쌍미닫이문과 같이 간단히 마감되지 않는다는 것을 염두에 두자.
- 밀어 넣을 수 있는 미닫이문은 개폐시 문이 공간을 차지하지 않으므로 세면실이나 부엌에 자주 사용된다.

단조 도어 또는 프레임 도어

Q 단조 도어의 수직틀과 수평틀 중 어느 쪽을 우선으로 합니까?

A 수평틀을 우선합니다.

◐ 단조 도어 또는 프레임 도어란 수직·수평으로 틀이 되는 부재를 돌려 내부에 판자나 유리 등을 넣은 문이다. 수평틀을 우선 강조하여 시공하면 절단면이 보이고, 수직틀의 단면은 바닥의 바로 위나 문의 가장 윗부분에 있으므로 보이지 않는다.

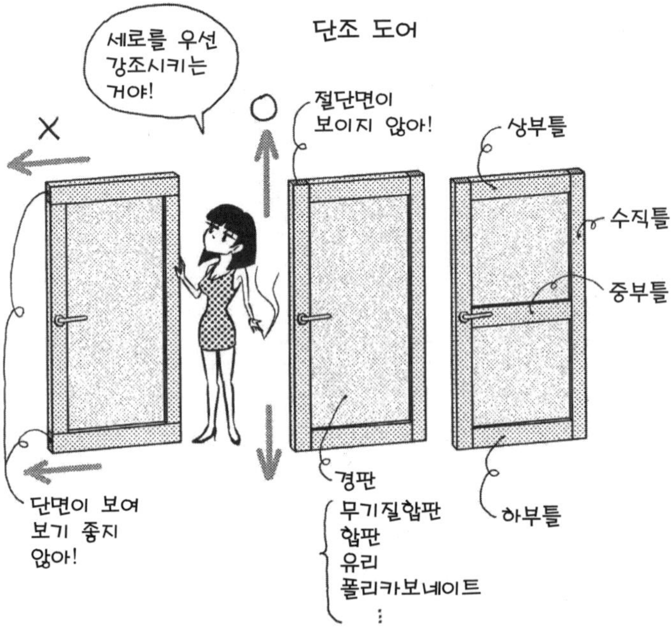

- 수직틀의 단면이 보이는 일은 없으므로 고정시키는데 가공하는 일은 거의 없다. 그리고 수직틀에 둘러쌓인 치장판을 경판이라고 한다.

R216 플러시 도어의 절단면

Q 플러시 도어의 절단면은 어떻게 합니까?

A 얇은 치장재로 테두리를 눌러 판의 절단면을 가립니다.

◐ 플러시 도어란 양면에 판을 붙여 만든 문을 말한다. 판의 안쪽은 각재 및 허니콤 코어(종이나 금속으로 만든 육각형의 벌집과 같은 심재)로 보강되어 있다. 판자의 절단면이 보이면 좋지 않으므로 절단면을 가리는 치장재를 바른다.

- 플러시(flush)란 동일 평면이란 의미이다. 단조 도어와 같이 경판을 프레임 내측에 마감하는 것이 아닌 같은 평면으로 마감하는 문이다.
- 플러시 도어 양면에는 나왕합판, 미송합판, 폴리합판 등을 사용한다.

Q 목제 책장의 선반 길이는 어느 정도가 좋습니까?

A 400~600mm 정도입니다.

◐ 20mm 두께 정도의 합판으로 책장을 만들 경우 너비가 750mm나 900mm의 길이이면 책이 무겁기 때문에 휘어지고, 400mm 정도의 길이가 알맞다.

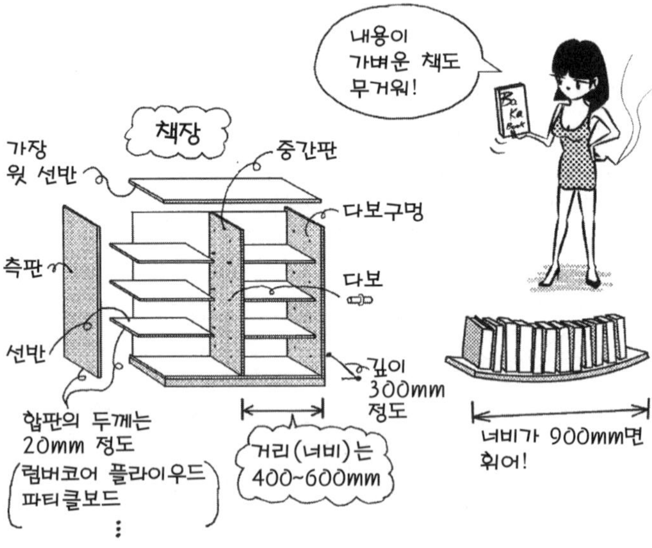

- 시중에 많이 나와 있는 선반이 붙어 있는 장은 약 20mm 두께의 파티클보드로 너비는 약 400mm이다. 너비가 짧기 때문에 무거운 책을 올려도 휘지 않는다. 필자는 책장을 만들어 너비를 900mm나 700mm로 해서 책의 무게로 인해 곧 휘어져 실패한 경험이 있다. 시판중인 책장도 너비가 긴 것은 주의해야 한다. 선반의 중간을 철물로 보강하는 방법도 있지만, 짧은 선반에 세로로 판을 넣는 것이 무난하다.
- 측면판에 50mm 간격 정도로 구멍을 뚫어 원형의 철물을 넣어 선반을 지지하면 선반의 높이 조정이 가능하다. 원형의 작은 철물을 '다보'라고 하며 다보를 사용한 선반을 다보선반이라고 한다.

Q 양복을 매다는 행거 파이프의 너비는 얼마입니까?

A 900mm~1,200mm 정도입니다.

◐ 25ϕ(직경)의 파이프로 1m 정도의 길이가 적당하다. 1,800mm를 양끝에서만 지지하고 양복을 많이 매달았을 경우 파이프가 휜다. 파이프의 길이가 1,200mm 이상이 되는 경우에는 파이프 중간에 매달 수 있는 철물을 두는 것이 좋다.

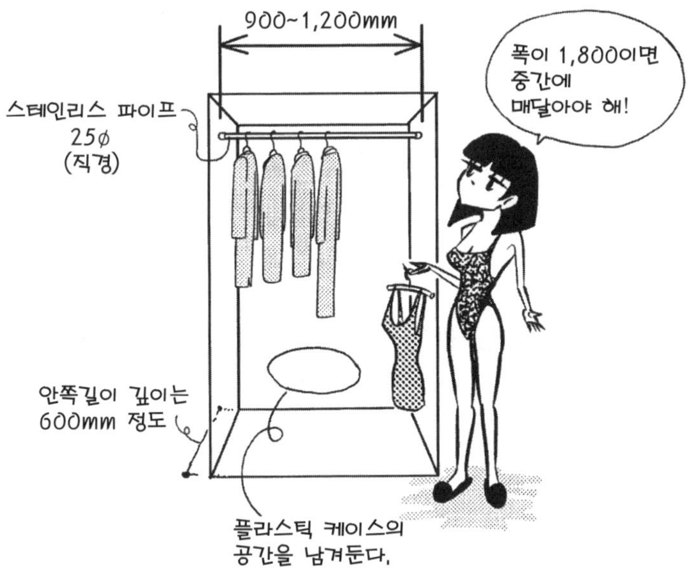

• 주택의 수납은 행거 파이프만으로 대략적인 수납을 계획하고, 붙박이서랍 등의 수납은 만들지 않는 것이 좋다. 최근 값이 싼 여러 가지 치수의 플라스틱제 수납장이 나와 있어 그것을 쌓아올리는 것이 내구성도 있고 유지하기도 쉬우며 이사를 하거나 방을 바꿀 때에도 편리하다. 딱 맞춘 치수로 붙박이수납장을 많이 만들면 비용도 많이 들며 나중에 리모델링하기도 어려워 추천은 하지 않는다.

Q 의자와 테이블의 높이는 얼마입니까?

A 의자는 약 400mm, 테이블은 약 700mm로 그 차이는 300mm입니다.

◐ 카운터 높이가 950mm인 경우, 950－300＝650mm가 의자의 높이가 된다. 카운터용 의자는 에어스프링으로 높이 조정이 가능한 것이 시판되고 있다.

• 식탁, 테이블, 사무용 테이블도 높이는 약 700mm, 의자도 약 400mm 정도로 공통이다. 앉는 사람의 다리길이 및 앉을 때의 높이로 인해 최적의 치수는 다소 변하므로 높이가 신경쓰인 경우에 높이 조정이 가능한 의자를 고를 수 밖에 없다.

Q 내장용 문짝의 두께, 수납용 문짝의 두께는 얼마입니까?

A 내장용은 30~40mm 정도입니다. 수납용은 15~30mm 정도입니다.

◐ 문짝의 두께는 크기 및 사양, 등급에 따라 약간 다르지만 대략 40mm 정도이다. 수납용은 높이가 2,000mm인 경우 두께는 30mm 정도, 높이가 600mm인 경우는 작은 문으로 20mm 정도이다.

- 새집증후군 대책으로 24시간 환기가 의무화되어 문짝의 밑을 자르거나(언더 커트) 환기를 위하여 블라인드 형태로 판을 잘라 문짝의 밑에 설치한 것을 붙이고 있다.
- 여닫이문의 경우 문틀에 벽보다 튀어나온 돌출 부분을 만들어 붙여 내부가 보이지 않고 공기 및 음이 차단될 수 있게 하고 있다.

Q 가구 문짝의 틀을 가리는 것은 가능합니까?

A 문짝을 틀 위에 덮어 가릴 수 있습니다.

◐ 출입구의 도어는 틀에 끼워 틀 안에 문짝이 있는 경우가 일반적이다. 가구의 문짝을 같은 방법으로 마감하면 틀이나 판이 눈에 띄어 보기에 좋지 않다. 틀이나 판자 앞에 문짝을 붙여 틀 및 판자를 문짝의 뒤에 가리는 마감이 일반적이다.

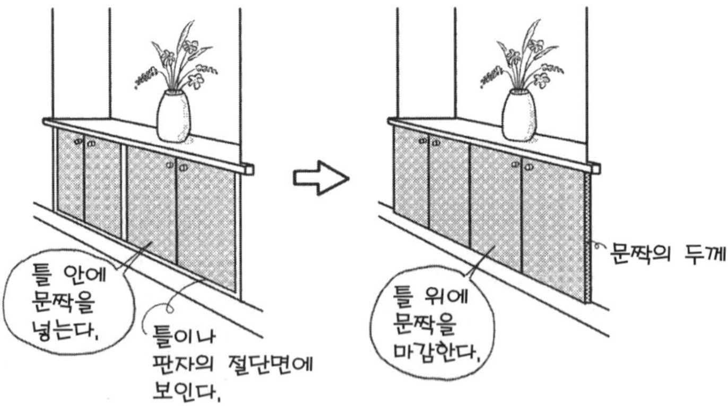

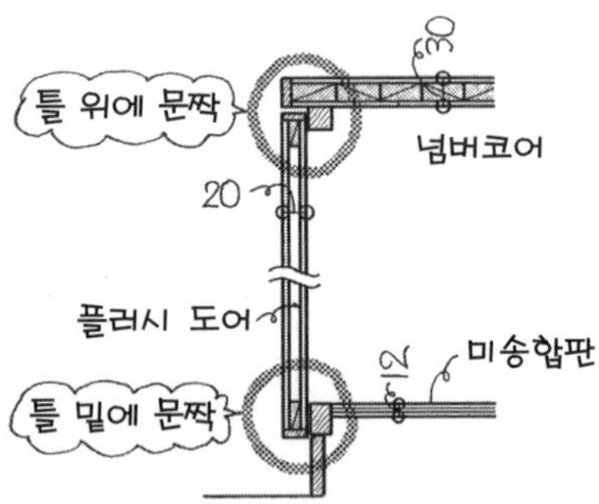

- 부엌의 싱크대 밑 수납문짝, 세면대 밑의 수납문짝은 내부 틀이나 판이 보이지 않도록 마감되어 있다. 가까이 있는 싱크대 및 세면대를 확인해 보자.
- 일반적인 도어와 같이 틀 안에 문짝이 있는 것을 인셋(in-set), 위와 같이 틀 밖으로 마감하는 것을 아웃셋(out-set)이라고 한다.

Q 문짝을 틀이나 판자의 밖에 설치하기 위한 경첩은 무엇입니까?

A 슬라이드 경첩입니다.

◐ 전후로 슬라이드가 가능하기 때문에 틀이나 판에 문짝이 부딪치지 않는다. 보통의 경첩으로는 문짝이 틀에 닿아 열 수 없거나 외측에서 경첩이 보이지만 슬라이드되면서 잡아주기 때문에 여는 것이 가능하다.

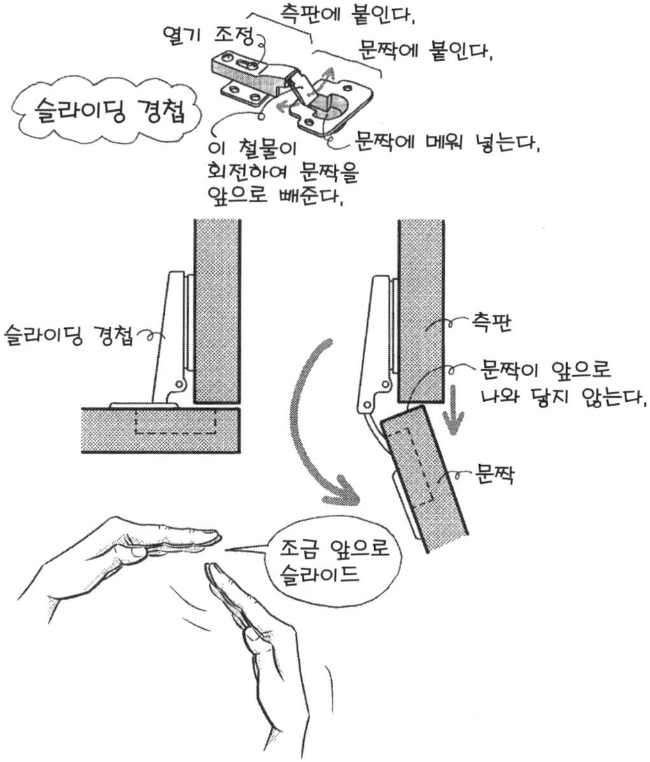

- 부엌의 기성품 싱크대 하부나 세면대 하부 수납장의 문짝에도 슬라이드 경첩이 붙어 있으므로 열어 보자.
- 문짝에 파서 넣어 경첩을 붙이지만 문짝이 유리로 된 경우는 경첩이 밖으로 나온다.

Q 가구의 측판, 위판, 문짝의 두께 전부를 가리는 것은 가능합니까?

A 판자나 문짝의 가장자리를 전부 사선으로 처리하면 가능합니다.

◐ 판자의 가장자리를 커트하여 각으로 마감하면 어느 쪽의 두께도 가리는 것이 가능하다.

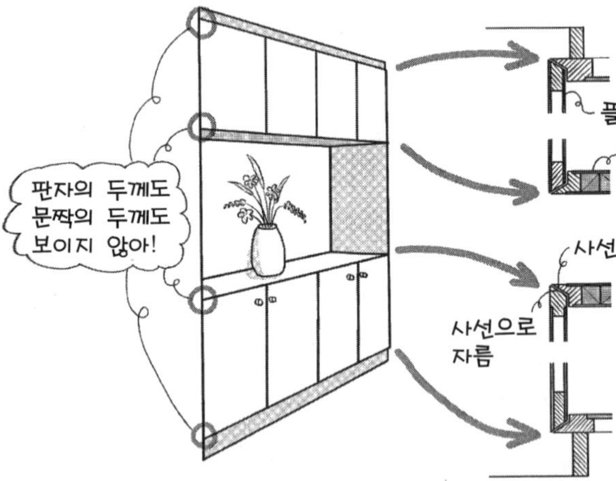

- 판자의 가장자리를 사선으로 잘라 그 끝부분을 깨지지 않게 하려면 그 부분만 단단한 목재를 사용할 필요가 있다.
- 플러시 도어의 표면재는 치장을 위한 얇은 판(단판)을 합판에 접착한 판이 일반적으로 사용되고 있다. 수지판을 붙인 폴리합판은 때가 잘 타지 않지만 가격이 싸게 보인다.

Q 내장의 목제 문에 설치하는 경첩의 개수는 몇 개입니까?

A 높이 2m 미만의 플러시 도어에 두 개, 2m 이상의 플러시 도어나 유리가 들어간 프레임 도어 등에는 세 개를 설치합니다.

◐ 높이 2m 미만의 가벼운 플러시 도어라면 100mm×100mm의 보통경첩이 두 개면 충분하지만, 유리가 들어간 무거운 프레임 도어의 경우에는 세 개가 필요하다. 문틀의 두께는 경첩을 고정시키는 나사가 확실하게 고정될 수 있는 25mm나 30mm 정도가 필요하다.

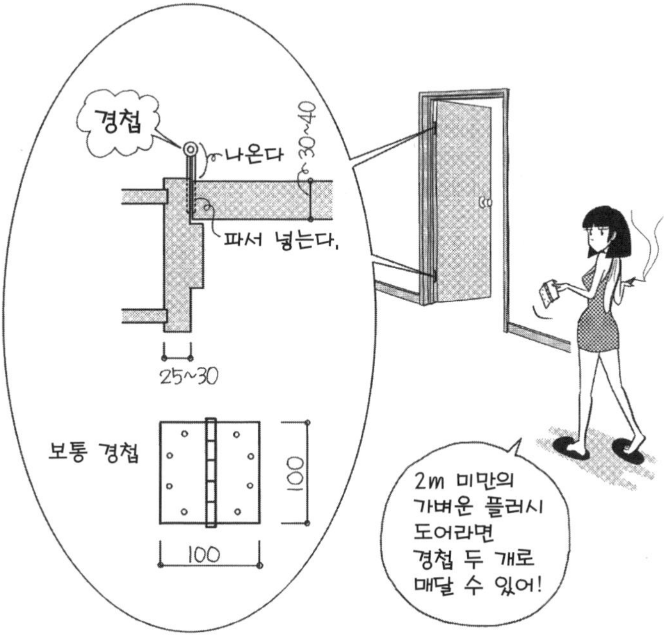

• 스틸제의 플러시 도어는 높이가 2m 미만인 경우에도 무겁기 때문에 세 개를 설치한다.

Q 피봇힌지(Pivot hinge)란 무엇입니까?

A 아래 그림과 같이 문의 상하부에 고정시켜 회전축을 만드는 경첩을 말합니다.

◐ 보통경첩은 문에서 회전축을 외측으로 내밀어 너비의 날개처럼 개폐하는 철물이다. 한편, 피봇힌지는 상하부에서 축을 외측으로 내밀어 도어의 문짝을 회전시킨다.

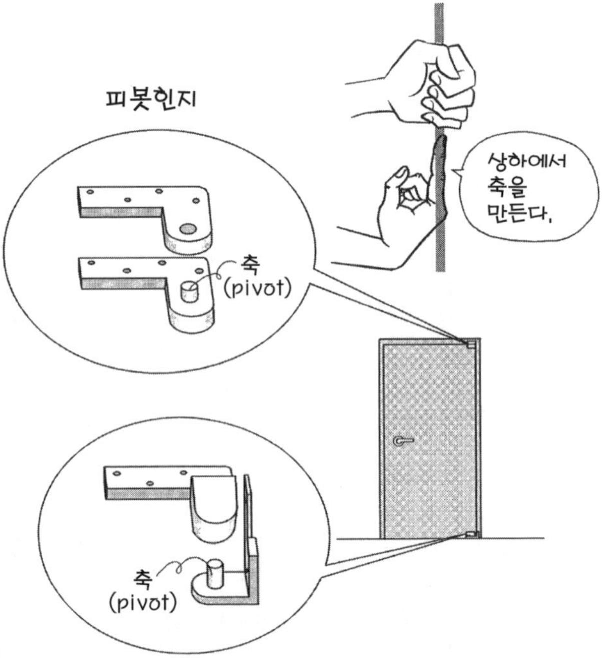

- 피봇(pivot)이란 축, 힌지(hinge)란 회전하는 철물을 말한다. 경첩에는 모두 회전축이 있지만 피봇힌지는 상하에서 축을 설정하고 있기 때문에 축이 알기 쉬운 형태로 되어 있다.
- 하부의 철물이 확실하게 무게를 지탱하고 있는 형태이므로 무거운 문짝을 지탱하는 것이 가능하다. 높이 2m 미만의 문짝은 상하 두 개로 지지할 수 있지만, 2m 이상이 되면 중간에 매달 수 있는 경첩이 필요하다.

Q 플로어 힌지란 무엇입니까?

A 문을 닫는 기구를 바닥에 메워 넣은 경첩입니다.

◐ 도어 클로저 기능의 박스 부분을 바닥에 메워 넣어 윗부분은 축만 나와 있다. 상부의 문틀에도 축을 받쳐 주는 철물을 메워 넣어 외부에서 힌지는 보이지 않는다.

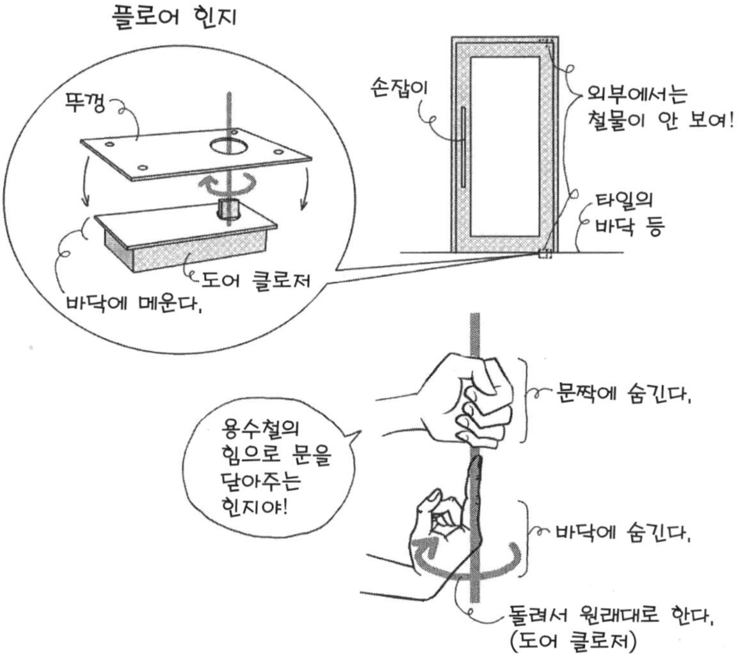

• 점포나 아파트의 출입구 도어의 콘크리트 바닥에 메워 넣어 사용하는 경우가 많다. 도어 클로저를 설치하면 눈에 띄기 때문에 단순한 디자인을 하고 싶은 경우에 사용한다.

R227 도어의 경첩 – 4

Q 도어에 사용하는 경첩은 보통경첩 외에 어떤 것이 있습니까?

A 아래 그림과 같이 카시오페아 경첩, 기경첩, 프랑스 경첩 등이 있습니다.

◐ 기경첩은 깃발과 같은 모양, 프랑스 경첩은 축의 부분이 달걀 모양을 하고 있다.

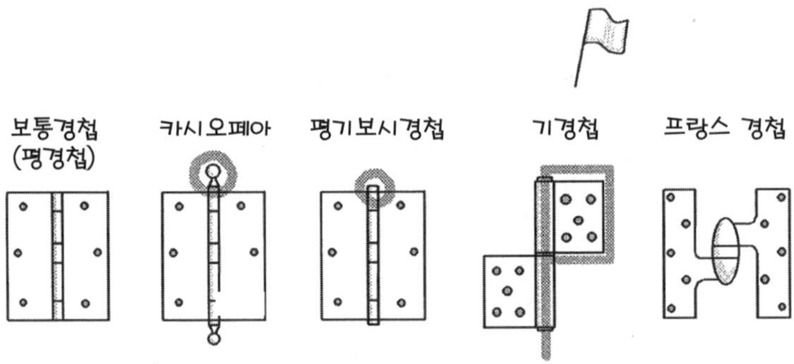

- 그 밖에 양방향으로 열 수 있는 자유경첩, 문이 닫혀 있을 때 보이지 않는 숨은 경첩, 무거운 문을 매다는 롱 힌지 등 다수가 있다.

R228 도어 클로저

Q 도어 클로저란 무엇입니까?

A 도어 상부에 붙어 있는 열린 문을 자동적으로 닫히게 하는 장치입니다.

◐ 도어 클로저는 도어 체크라고도 한다. 문이 닫히는 중에는 재빠르게 움직이지만 닫히는 순간에는 천천히 움직이면서 닫히도록 되어 있다.

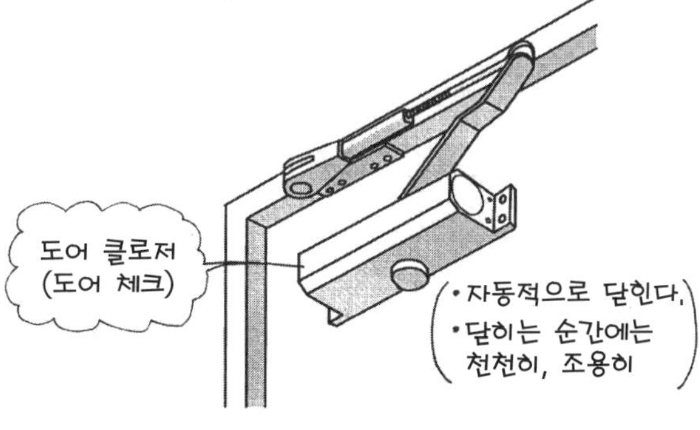

• 스프링, 유압 등을 사용하여 닫히며 개폐 속도를 조정한다.

Q 문단속에 쓰이는 자물쇠는 무엇입니까?

A 아래 그림과 같이 매입잠금장치, 크레몬볼트 등 문을 문틀이나 바닥에 고정시켜 두기 위한 철물입니다.

◐ 쌍미닫이문에서 한쪽 방향은 상시 닫아두고 싶은 경우에 사용한다. 큰 가구를 옮길 때, 다수의 사람이 통행하는 경우에만 열어두는 것이 가능하다.

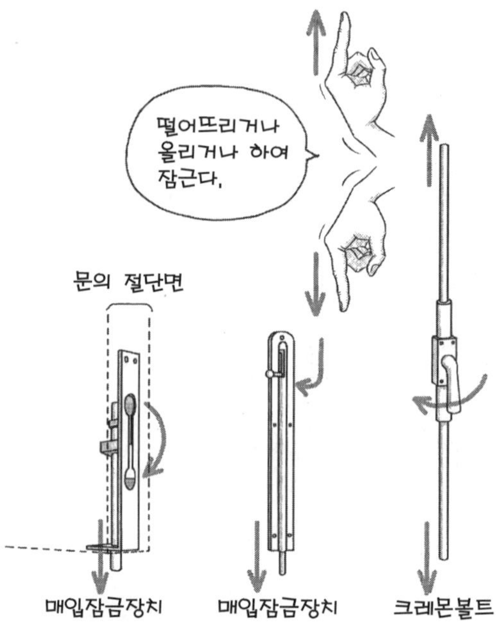

- 매입잠금장치를 문의 상하부에 설치한 경우는 상하부의 철물을 별도로 조작하지 않으면 안 되지만 크레몬볼트는 레버 하나로 상하부의 조작이 가능하다.
- 매입잠금장치 중 문의 절단면에 설치하는 것은 눈에 보이지 않는다. 매입잠금장치 중 문표면의 상하부에 설치하는 것과 크레몬볼트는 문표면의 중앙부에 설치하여 표면에 나와 있기 때문에 눈에 보인다. 단순한 도어로 보이고 싶으면 매입잠금장치가 좋다.
- 예전에 미닫이문에 자주 사용했던 나사로 잠그는 자물쇠나 화장실의 여닫이문에 자주 사용된 옆으로 밀어서 잠그는 슬라이드볼트 등도 문단속에 쓰였던 자물쇠 중의 한 종류이다.

Q 래치(latch), 데드볼트(dead bolt)란 무엇입니까?

A 문이 열리지 않도록 구멍에 걸어놓는 걸쇠, 빗장 래치, 열쇠를 잠그기 위하여 밀어서 구멍에 찔러 넣는 것이 데드볼트입니다.

◐ 래치는 래치볼트, 래치헤드라고도 한다. 래치, 데드볼트를 받치는 구멍을 스트라이크라고 한다.

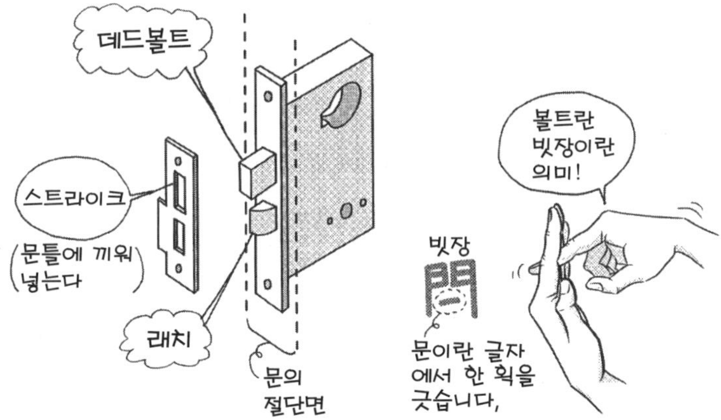

- 스트라이크는 금속에 구멍이 뚫려 있는 것으로 목제틀을 금속 부분의 깊이로 파서 그곳에 넣는다. 래치, 데드볼트 부분은 두 가지가 들어갈 수 있을 정도 크기의 구멍을 문틀에 판다.
- 볼트(bolt)란 빗장이라는 의미로 밀어서 구멍에 넣어 문을 잠글 수 있는 막대기이다.

Q 실린더 자물쇠란 무엇입니까?

A 실린더(cylinder : 원통형) 내부에 스프링과 핀 텀블러가 배열되어 이에 의하여 개폐하는 자물쇠입니다.

◐ 현재 가장 많이 사용되고 있는 자물쇠로 원통자물쇠, 핀 텀블러 자물쇠라고도 한다. 원통형 안에 또 다른 원통이 들어 있어 그 사이에 텀블러가 들어 있다. 열쇠의 오톨도톨한 핀 부분을 텀블러 부분에 맞추면 안쪽의 원통이 회전하는 구조이다.

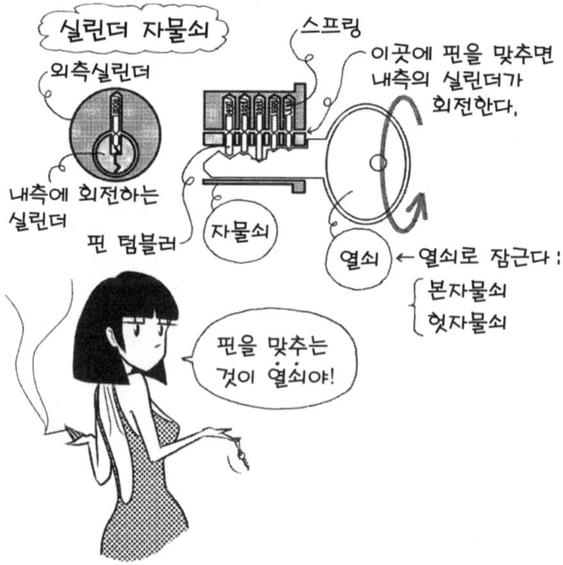

- 열쇠를 사용하여 개폐하는 자물쇠는 본자물쇠, 열쇠를 사용하지 않고 개폐하는 자물쇠를 헛자물쇠라고 한다. 헛자물쇠는 레버나 둥근 손잡이에 있는 래치만을 조작하는 이른바 걸쇠 정도의 역할을 하는 자물쇠로 여는 것을 방지하는 방범이 필요 없는 곳에 사용하는 자물쇠이다.
- 텀블러(tumbler)는 총기, 톱니바퀴, 자물쇠의 걸쇠, 빗장을 의미한다. 자물쇠는 lock, 열쇠는 key인데, 일본어에서 열쇠란 말에는 두 가지 의미(자물쇠, 열쇠)를 다 갖고 있다.
- 방범상 등급이 높은 딤플키(열쇠 표면이 오톨도톨), 넘버키, 카드키 등도 있다.

Q 모노 락이란 무엇입니까?

A 둥근 손잡이 안에 실린더 자물쇠를 넣은 철물입니다.

◐ 문의 바깥 쪽(문의 실외측)에는 열쇠를 넣는 구멍, 문의 안쪽(문의 실내측)에는 손가락으로 돌리는 썸턴이나 버튼 형식의 자물쇠로 되어 있다. 개폐와 열쇠를 함께 한 것으로 아파트나 뒷문의 문 등 등급이 낮은 문에 사용된다.

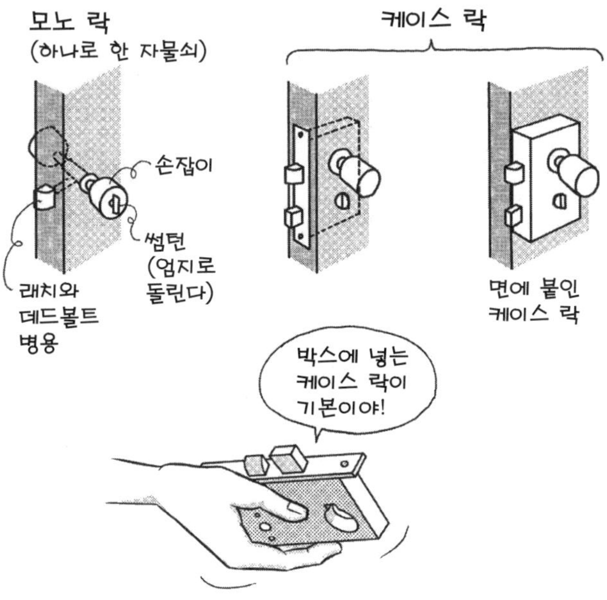

- 자물쇠와 손잡이가 별도로 되어 있는 일반적인 자물쇠를 케이스 락(case lock)이라고 한다. 케이스 락에는 문 안에 넣는 것과 문의 실내측 표면에 붙이는 것이 있다.
- 모노 락은 직역하면 '하나의 자물쇠, 하나로 한 자물쇠로 손잡이와 자물쇠를 일체화한 철물'을 가리킨다. 썸턴은 직역하면 '엄지로 돌리는 것'이며, 버튼 자물쇠는 버튼을 누르는 것만으로 잠기는 것을 말한다.

Q 크레센트 자물쇠란 무엇입니까?

A 미닫이 창호에 설치하는 초승달 모양의 자물쇠를 말합니다.

◐ 돌리는 것만으로도 자물쇠가 잡아 당겨지므로 기밀성 · 수밀성이 뛰어나다. 알루미늄 새시의 미닫이창에 자주 사용한다.

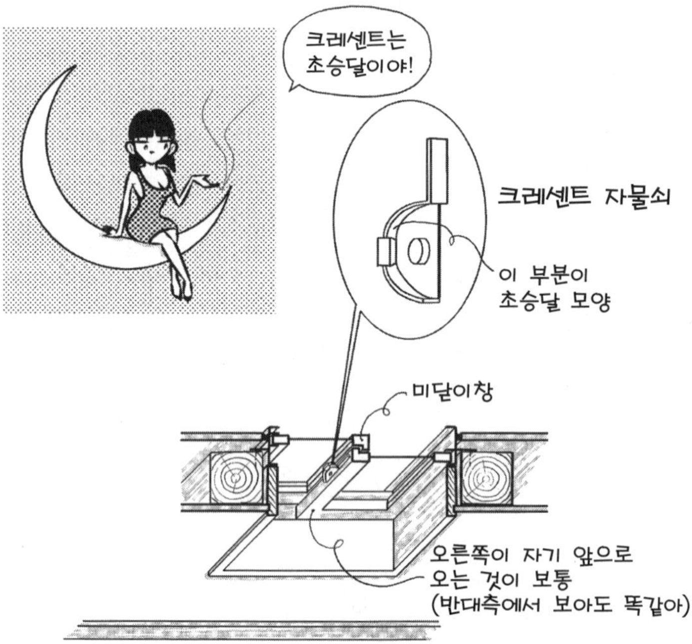

- 크레센트(crescent)란 '초승달'이란 의미로 원호 형태의 모양이 이름의 유래이다.
- 미닫이 창호를 열쇠에 의한 자물쇠로 잠그려 할 때, 데드볼트 대신에 낫 모양의 거는 철물이 사용된다. 또 미닫이 창호용 자물쇠도 있다.
- 미닫이 창호에서는 오른쪽 문이 자기 앞으로 오게 된 것이 일반적이다. 이는 반대쪽에서 보아도 오른쪽 문이 자기 앞으로 오게 되어 있다.

Q 레버 핸들(Lever Handle)이란 무엇입니까?

A 아래 그림과 같이 지렛대를 사용하여 개폐가 가능한 도어용 철물입니다.

◐ 회전하는 힘, 즉 모멘트는 힘×길이로 결정된다. 원형의 도어손잡이에 비해 레버 핸들은 축의 외측을 돌리므로 어린이나 노약자도 편하게 돌릴 수 있다.

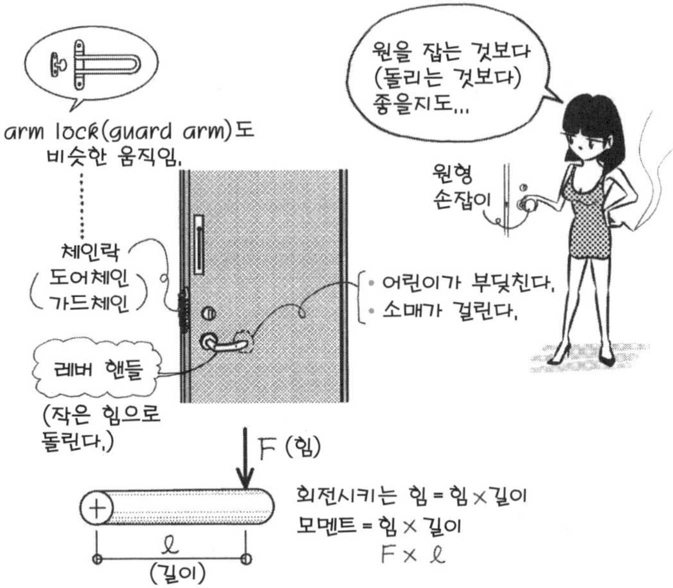

• 레버 핸들의 끝 부분은 어린이가 부딪쳐도 다치지 않도록 둥글게 가공된 것이 좋다. 그리고 레버(지레)에 소맷부리가 걸리는 결점도 있으므로 주의한다.

• 핸들은 납(knob)이라고도 한다.

Q V레일이란 무엇입니까?

A 미닫이문의 문바퀴(호차)를 구르게 하기 위한 V형의 홈이 붙은 금속제의 레일을 말합니다.

◐ 이전에 사용했던 원형의 레일은 발이 걸릴 수 있다. 거기서 보급된 것이 V레일이다. 문바퀴(호차)는 V레일에 맞춰 V형을 사용하고, 그 밖에 평형이나 U형의 레일도 있다.

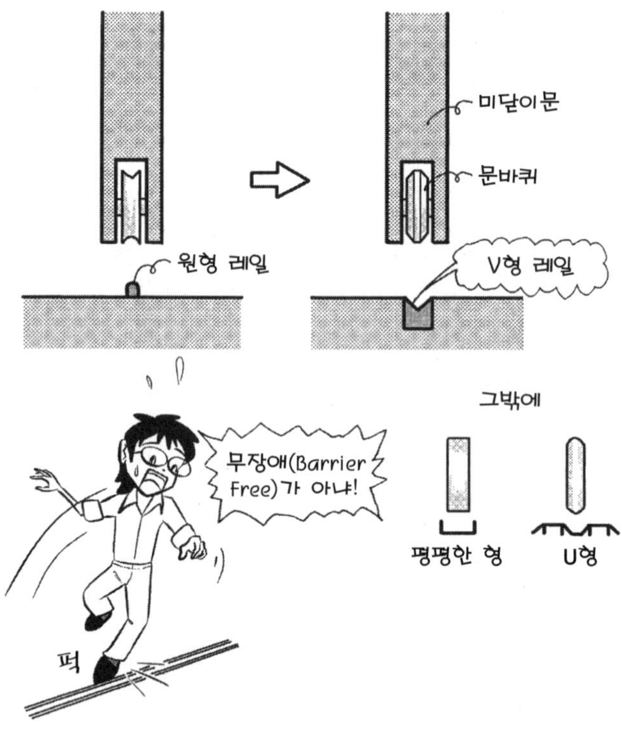

• V레일을 바닥에 설치할 때는 바닥의 밑바탕재를 탄탄한 재료로 만든다. 밑바탕재가 휘면 레일도 휘어 창호가 잘 밀어지지 않는다.

Q 미닫이문을 매달려면 어떻게 합니까?

A 매달기 위해 필요한 철물과 레일을 사용합니다.

◐ 철물에는 바퀴가 붙어 있으며 그것을 레일에 미끄러뜨려서 미닫이문을 민다. 무게가 바닥에 가해지지 않으므로 부드럽게 움직이게 하는 것이 가능하다. 가볍게 열 수 있기 때문에 병원이나 고령자시설의 미닫이문 및 수납용 접이문에도 사용된다.

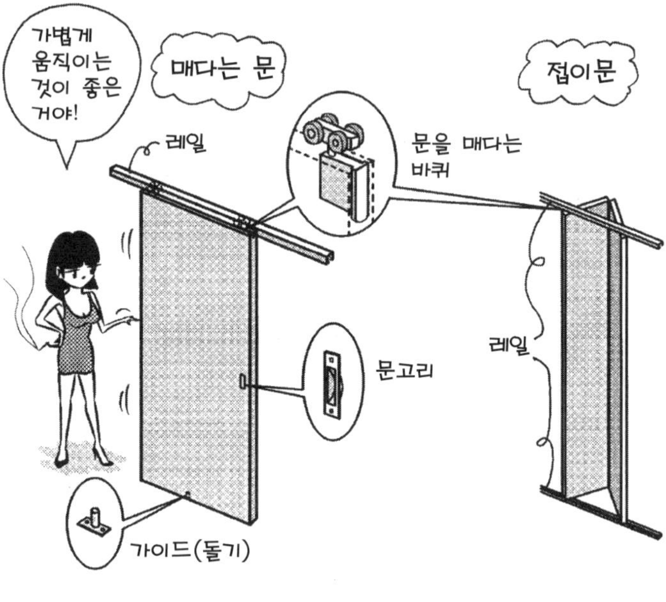

• 미닫이문이 앞뒤로 치우치지 않도록 바닥에도 돌기(가이드)를 만든다. 접이문의 경우 문의 하부에도 레일을 설치하는 경우가 많다.

R237 커튼-1

Q 주택용 커튼 박스의 크기는 얼마입니까?

A 아래 그림과 같이 폭 150mm, 높이 100mm 정도입니다.

◐ 레이스와 차광 커튼의 두 줄 레일을 설치하기 때문에 120~150mm 정도의 폭이 필요하다. 또 레일을 가리기 위해 50~100mm 정도의 높이가 필요하다.

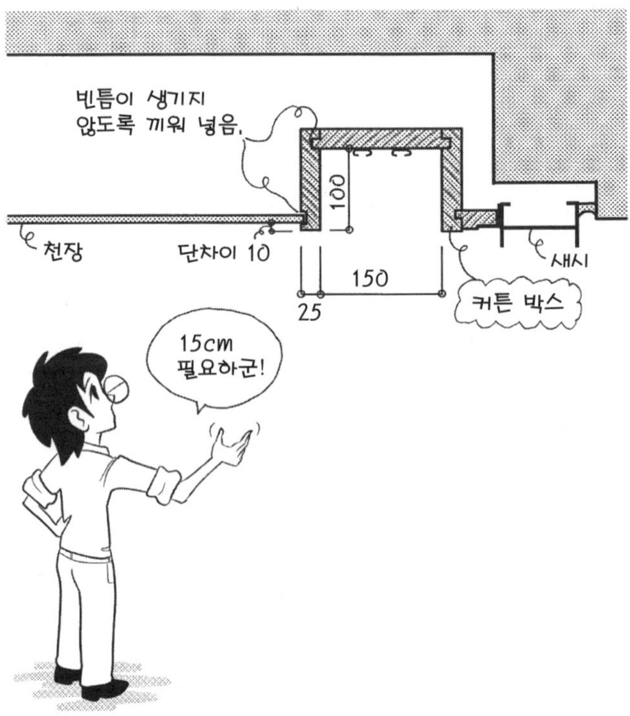

- 두꺼운 커튼(드레이프 커튼)을 매다는 경우는 폭이 180mm 정도 필요하다.
- 목제로 만들기에는 문 테두리, 창 테두리와 마찬가지로 25mm 두께 정도의 판을 사용한다. 그 외에 알루미늄제의 기성품도 있다.
- 목제의 경우, OSDL(오일 스탠딩 클리어 락커) 마무리로서 나뭇결을 살릴지 SOP(합성수지조합 페인트) 마무리로서 색을 입혀서 나뭇결을 가릴지 선택할 필요가 있다.

Q 드레이프 커튼(drape curtain)이란 무엇입니까?

A 두꺼운 직물의 커튼을 말합니다.

◐ 두껍고 무거운 직물의 커튼을 드레이프 커튼이라고 하지만 어느 정도 두꺼운지 정의내리기 어렵다. 일본에서는 레이스 커튼(lace curtain) 이외의 커튼을 드레이프 커튼이라고 하는 경향이 있다.

- 드레이프는 천을 늘어뜨려서 생기는 완만한 주름을 가리키는 경우도 있다.
- 시어 커튼, 케이스먼트 커튼이란 레이스와 같은 편물이 아니라 투과성이 좋은 얇은 직물로 만들어진 것이다. 시어(sheer)는 얇음을 의미하며, 케이스먼트(casement)는 창의 의미이다.

Q 커튼의 플리츠(pleats)란 무엇입니까?

A 주름을 말합니다.

◐ 여러 가지 플리츠가 있지만 두 줄의 플리츠(더블 플리츠)가 가장 일반적이다. 플리츠에 훅(hook)을 걸고 레일의 러너(runner)에 고정시킨다.

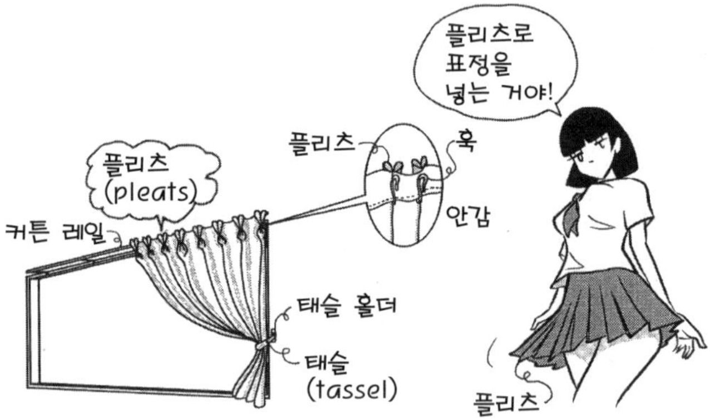

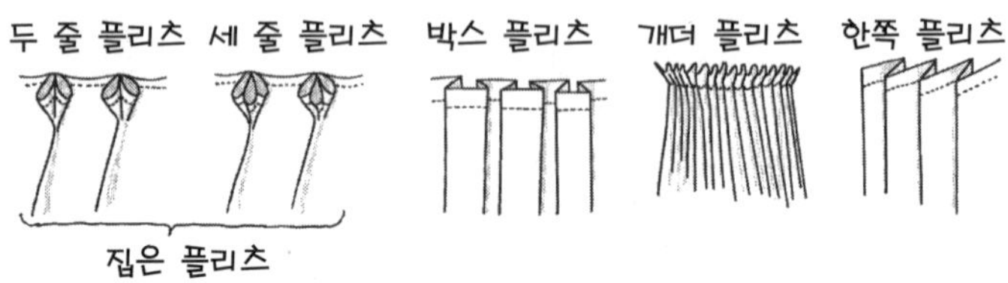

- 두 줄 플리츠, 세 줄 플리츠가 잡은 플리츠로 상자 형태로 한 것이 박스 플리츠, 커튼 전체를 모아서(gather) 플리츠한 것이 개더 플리츠, 한 방향만 주름을 만든 것이 한쪽 플리츠이다.
- 커튼을 끌어당겨서 술로 할 때 그것을 묶는 것이 태슬(tassel), 태슬을 거는 훅이 태슬 홀더이다.
- 커튼 레일은 일반적인 C형의 홈 레일 이외에 둥근 단면의 막대(로드 : rod, 폴 : pole)도 사용된다. 로드에는 링 러너가 사용된다.

R240 커튼-4

Q 커튼의 개폐방법은 무엇입니까?

A 양쪽 열기, 한쪽 열기, 중앙 교차, 전체 교차 등이 있습니다.

◐ 일반적인 양쪽 열기, 한쪽 열기 외에도 상부를 교차시켜서 그대로 두는 장식적인 사용방법도 있다. 커튼 상부에 밸런스라는 짧은 장식을 붙이기도 한다.

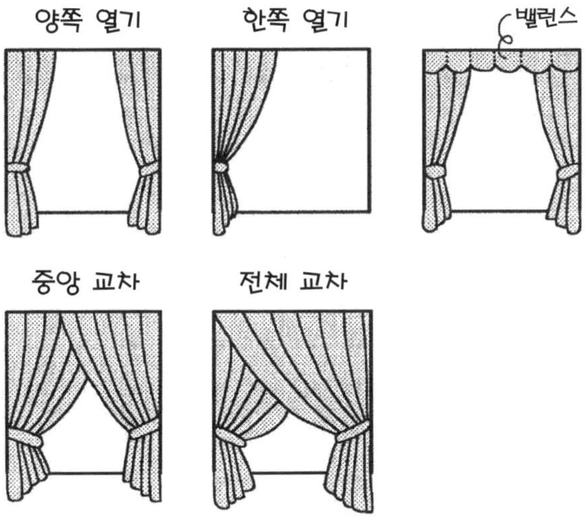

• 커튼의 원단이나 플리츠 잡는 방법에 의해 차광 커튼, 차음 커튼, 흡음 커튼 등의 기능성도 부여할 수 있다.

R241 커튼 – 5

Q 로만 쉐이드란?

A 아래 그림과 같이 천을 접으면서 상하로 승강시키며 개폐하는 쉐이드(shade)를 말합니다.

◐ 접는 방법에 의해 샤프, 플레인, 벌룬, 오스트리안, 프레리, 피콕 등의 스타일이 있다.

- 쉐이드(shade)는 원래는 차양의 의미지만 가리개나 창의 장식 역할도 있다. 프레리(prairie)는 미국 대초원의 의미로 초원의 잔물결과 같은 기복을 천에 표현한 것이다. 피콕(peacock)은 공작으로 공작이 펼친 날개를 거꾸로 한 형태를 말한다.
- 끈을 당기면 올라가는 구조이다. 큰 창에서는 개폐하기 어렵기 때문에 소형의 창에 사용되는 경향이 있다.

Q 블라인드에는 어떤 종류가 있습니까?

A 슬랫(slat : 날개)이 수평인 베니치안 블라인드(Venetian blind, 가로형 블라인드), 수직인 버티컬 블라인드(vertical blind, 세로형 블라인드), 천을 말아 돌리는 롤 블라인드(roll blind) 등이 있습니다.

◐ 슬랫이 수평한 베네치안 블라인드가 일사의 조절이 쉽다.

- 블라인드(blind)는 '맹목의, 눈을 가림'이 원래의 뜻으로 Venetian은 '베니스', vertial은 '수직', roll은 '말다'라는 의미이다. 실내디자인업계에서는 외래어가 많이 사용되고 있다. 내장이라고 말하기 보다는 실내디자인이라는 쪽이 의장보다는 디자인이라고 말하는 쪽이 세련되게 느껴진다.

Q 펜던트 라이트란 무엇입니까?

A 천장에서 매다는 조명기구입니다.

◐ 펜던트(pendant)란 목에 매다는 장식이 원래 뜻이지만, 조명에서 펜던트란, 천장에 매다는 라이트를 말한다.

• 펜던트를 매다는 경우는 거는 실링이라고 해서 돌려서 고정만 하는 금속부품이 많지만 직접 전원케이블에서 배선하는 경우도 있다. 다이닝 테이블의 위에서는 바닥에서 1,500mm 정도의 높이에 매달지만 가구가 없는 경우는 머리를 부딪치기 때문에 2,000mm 이상에 매단다.
• 실링 라이트(ceiling light)는 천장에 직접 부착하는 조명기구를 가리키며 펜던트 라이트를 가리키지 않는 것이 보통이다.

Q 천장이나 벽에 부착하는 조명기구에는 어떤 것이 있습니까?

A 아래 그림과 같이, 천장삽입 조명, 천장 직접부착 조명(실링 라이트), 다운 라이트, 브래킷 등이 있습니다.

◐ 다운 라이트란 원통형의 전구를 내장하는 기구를 삽입하는 조명기구로 넓게 보급되어 있다.

- 다운 라이트로 빛의 방향을 벽쪽에 기울인 것이 월 워셔로 벽을 씻는 듯이 빛을 떨어뜨리는 조명이다. 벽이나 커튼 등에 수직면이 밝아지기 때문에 외관의 밝기가 더 밝아지는 디자인 효과도 있다.
- 브래킷(bracket)이란 벽에서 튀어나온 가로대, 까치발이 원래 뜻으로 브래킷 라이트는 벽에서 내민 조명기구를 말한다.
- 조명기구의 스위치 부분에서 전류를 바꿔 조광기능을 가지게 하는 것도 가능하다. 형광등과 다운라이트를 겸용하여 칵테일 광선으로서 형광등의 밝기와 전구의 편안함을 동시에 느끼게 하는 경우도 있다.
- 라이팅 레일(라이팅 덕트, 덕트레일, 배선 덕트)을 천장이나 벽에 설치하고 스포트라이트를 설치하는 경우도 자주 있다. 라이트의 수나 위치를 바꿀 수 있어 편리하다.

Q 간접조명이란 무엇입니까?

A 빛을 벽이나 천장 등에 일단 반사시키는 조명방법입니다.

◐ 매장 부분에 조명기구를 장치하고 천장을 비추는 방법이 자주 채용되고 있으나 벽을 비춤, 바닥을 비춤, 분재를 비춤, 분재의 뒤 벽을 비추고 분재를 실루엣으로 하는 등 많은 디자인이 시험되고 있다.

- 간접조명을 설계할 때에는 장치한 전구나 형광등이 보이지 않게 주의할 필요가 있다.
- 코니스에서 아래 벽을 비추는 것을 코니스 조명, 상인방에서 위 벽을 비추는 것을 코브(cove)조명이라고 부르기도 한다.
- 플로어 스탠드, 펜던트 라이트 등의 조명기구에서도 천장을 비춤, 날개를 비추는 등의 간접조명의 사고방식이 받아들여진 기구도 있다.

Q 천장삽입 조명과 보드 구멍의 빈틈은 어떻게 합니까?

A 기구에 붙여진 테두리로 가립니다.

◐ 이런 테두리는 플랜지라고도 한다. 다운 라이트, 천장삽입형 형광등, 천장삽입형 환기팬, 천장삽입형 공기조절기 등은 모두 천장과의 접점 부분에 테두리가 붙어있어 조금 크게 뚫은 구멍의 빈틈이나 보드의 절단면을 숨길 수 있게 디자인되어 있다.

- 다운 라이트란, 전구가 들어가는 원통형의 천장삽입 조명이다. 하향(down)조명에서 온 것으로 생각되지만, 다운 라이트라고 하면 이런 조명기구이다. 천장에는 둥근 구멍이 뚫려 있고 안에 전구가 보인다.
- 천장삽입형 환기팬은 환기팬을 설치한 후에 환기팬보다 큰 루버(격자 모양의 구멍)가 붙은 덮개(캡)를 아래에서 붙일 수 있게 되어 있다.

Q 주택용 에어컨이나 급기용 슬리브와 보드의 빈틈은 어떻게 가립니까?

A 슬리브용 캡의 테두리(플랜지)로 가립니다.

◐ 슬리브(sleeve)란 양복의 소매가 원래 뜻으로 소매에 팔을 통과시키듯이 공기조절용의 냉매관, 전기 케이블, 드레인관 등을 통하게 하는 구멍을 가리킨다. 주택의 에어컨용이나 급기용 슬리브는 60~100ϕ(직경 60mm ~100mm) 정도로, 전용의 수지제나 스테인리스제의 캡이 있다. 캡에는 테두리가 달려 있고 그것으로 원통형의 통과 보드의 구멍과 빈틈을 가리는 구조이다.

• 보드에 구멍을 뚫어서 넣는 기구에는 다운 라이트, 천장삽입 조명, 천장삽입 환기팬, 천장삽입 공기조절기, 콘센트, 스위치, 슬리브 등에 모두 테두리(플랜지)가 달려 있어 그걸로 덮개를 하듯이 구멍의 빈틈을 가릴 수 있게 되어 있다.

R248 보드 구멍의 처리-3

Q 스위치, 콘센트와 보드의 구멍의 빈틈은 어떻게 합니까?

A 스위치, 콘센트의 플레이트를, 마무리 공사 후에 씌워서 숨깁니다.

◐ 스위치박스를 설치할 때는 ① 보드에 구멍을 뚫고, 도장, 벽지 등의 마무리를 함 ② 콘센트기구 등이 달린 설치 틀을 부착 ③ 플레이트의 틀을 부착 ④ 플레이트를 부착이라는 순서로 공사한다. 리폼의 경우는 플레이트를 떼고 나서 새로 바르고, 도장 등을 행하여 설공 후에 커버를 하면 OK이다. 플레이트가 조잡함을 가려준다.

- 스위치 플레이트는 플라스틱제가 염가로 일반적이지만, 금속제, 도제, 목제 등도 있다. 또 그림이 그려진 것도 있다. 콘센트, 스위치 모두 형태는 같기 때문에 플레이트는 공통으로 사용할 수 있다.

■ 저자

하라구치 히데아키(原口秀昭)

1959년 도쿄 출생
1982년 도쿄대학 건축학과 졸업, 1986년 동대학 석사 졸업
도쿄 가정학원대학 주거학과 조교수
저서 : 『20세기의 주거-공간구성의 비교분석』, 『루이스 칸의 공간구성』, 『엑소노메트릭으로 알아본 20세기의 건축가들』, 『1급 건축사시험 슈퍼기억술』, 『2급 건축사시험 슈퍼기억술』, 『구조학시험 건축법규 슈퍼기억술』 등 다수

■ 역자

한영호

홍익대학교 미술대학 공업디자인학과와 산업미술대학원 졸업
Univ. of Industrial Arts, Helsinki에서 실내건축 및 가구디자인 수학
한국실내디자인학회 회장, 한국공간디자인학회 회장 역임
전) 상명대학교 디자인대학 실내디자인학과 교수

최진희

상명대학교 디자인대학 실내디자인학과 졸업, 동대학 대학원 석사, 박사 졸업
한국실내디자인학회 논문편집위원, 한국색채학회 사무국 이사 역임
상명대학교 실내디자인학과 강사 및 디자인스튜디오 제레미 설계실장

일러스트로 배우는 **실내디자인 기초**

2014년 2월 20일 1판 1쇄 발행
2022년 7월 5일 1판 2쇄 발행

저 자	하라구치 히데아키
역 자	한영호·최진희
발 행 인	강 해 작
발 행 처	기 문 당
주 소	서울 성동구 무학봉28길 4-1 (왕십리동 966-22)
전 화	02) 2295-6171(代)~5
팩 스	02) 2296-8188
출판등록	1976. 10. 7 (1-44)
홈페이지	http://www.kimoondang.com
I S B N	978-89-6225-559-1 93540
